不均衡進化論

古澤 満
Furusawa Mitsuru

筑摩選書

不均衡進化論　目次

第3部　進化の意味と可能性

不均衡進化論

神経の脱分極現象を発見した亡き父古澤一夫、いつも
味方をしてくれた亡き母冨美。私と共進化関係にある、
妻緑と娘京にこの本を捧げます。

序
進化論との出会い

一九四〇年頃（小学一、二年生）だったと思いますが、ある一冊の絵本に、アメーバーからヒトまで一直線に右上がりに描かれた進化の絵がありました。もちろん、この表現が学問的に間違っていることなどは気が付くわけはありませんが、「ウアー！　アメーバーがチンパンジーになって、それからヒトになるんだ！」と興奮し、いつか目の当たりに進化を見てみたいと思ったものです。

やがて学校でダーウィン進化論を学ぶことになるのですが、方向性のない変異と自然選択だけでアメーバー様単細胞生物からヒトが進化できるとはとても思えませんでした。教科書の行間に、何十億年という時間が進化の問題を解決するという、〝暗黙の了解〟のようなものが垣間見えて、時間に責任を預けているところが腑に落ちなかったのです。やがて、生物には積極的に進化を促進する分子機構があるに違いないとの思いに至りましたが、そのルーツは小学生の頃に遡ることができます。

当時、祐天寺（東京）のわが家には、ライツの顕微鏡、レミントン製の小型タイプライター、教材用の蒸気機関の模型がありました。これらは生理学者であった父がイギリス留学から持ち帰ったものです。子供の目にはどれも宝物のような品物でしたが、父は自由に触らせてくれ、よくツクシの花粉やたばこの煙を顕微鏡で観察させてくれました。息を吹っ掛けると、球形の花粉の周りに付いている数本の腕がくねくねと蛸のように動く様子はとても植物とは思えない映像でした。この顕微鏡はさすがにドイツ製だけあって、コンデンサーの位置に特別の装置をくっつけると、空気中に浮かんでいる超微粒子も、そのままで観察できるという優れものでした。たばこの煙がまるで夜空に輝く銀河のように見えるのが不思議でなりませんでした。顕微鏡を一人で扱うには荷が重すぎる年齢でしたから、父が観察の準備をしてくれるとき以外は、接眼レンズを外し、斜めにして、高射砲に見立てて戦争ごっこの道具として使用していました。このように、自由で、かつ自然科学的雰囲気に充ちた家庭環境は、その後の私の研究スタイルにかなり影響を与えたようです。

大学と企業での長い道草と紆余曲折を経て、五十六歳にしてやっと幼い頃からの夢であった進化研究のスタートラインに立つことができました。本書では、既存の進化論の紹介は導入に必要と思われる範囲にとどめ、現在主流の進化論に対する疑問、不均衡進化理論発想のきっかけ、進化理論のコンセプト、進化加速の試み、将来の展望、生命観などに紙面を割くことにしました。読者の皆様のうちたとえ数人の方にでも、進化について考えを巡らし、生命とヒトの未来に心を馳せるきっかけを提供することができましたら、著者としてこれほどの喜びはありません。

第1部

進化の常識を疑う

第1章
進化とは何か

進化という考え方を初めて世に問うたのはかの有名なチャールズ・ダーウィンです。「ダーウィンの進化論」はその後さまざまな発展を遂げ、現在の「進化の総合説」にたどりつきました。今日でもダーウィンの思想は生命科学者のなかに脈々と受け継がれています。このような長い命を保った学説は他に例を見ないといわれています。

本章では進化論の発展のなかで、特にエポック・メイキングな役割を果たしてきたいくつかの考え方や発見を紹介しながら、進化論の発展の歴史をたどることにしましょう。

1　適者生存と自然選択

ダーウィンが生まれた十九世紀初頭のヨーロッパでは、草木や動物は神が創造したものではなく、簡単なものからより複雑なものへ、下等なものからより高等なものへと自然に変化してきたものである、という考えがすでに芽生えていました。このような時代背景のもとで、ダーウィンは、家禽・家畜・植物の品種改良の成果、イギリス海軍の軍艦ビーグル号に乗って南米大陸やガラパゴス諸島をはじめとする世界各地でおこなった精力的な自然観察と収集した膨大な資料を解析し、一冊の本『種の起源』にまとめ進化論を世に問います。一八五九年十一月二十四日のことで、本は発売と同時に瞬く間に売り切れたといいます。

ダーウィンは、チャールズ・ライエルの著書『地質学原理』（一八三〇年）の「斉一説」に深く影響を受けたといわれています。それまでは、世界中に見られる断続的な地層の構造は、天変地異が起こるたびに新たに神によって創造されたものと信じられていました。一方、「斉一説」は、地球が生まれて以来、地殻変造は連綿と絶えることなく続いていて、われわれはその結果を目にしているのだと主張しました。ダーウィンはライエルの思想を生物に当てはめ、現存する生物は神が創造したものではなく、変異が親から子に伝わり、世代ごとに積み重なっていき、そのなかから適者が生き残って新しい種が生まれるという、進化の考えを提唱しました。

「遺伝」という現象自体は、当時ヨーロッパにおいては農作物や家畜の品種改良に関わっていた人々、わが国では江戸時代に大流行した観賞用アサガオの改良に携わった人々のあいだで、特定の形質（花の色や形など）がある一定の法則に従って子孫に現れることとして経験的に知られていました。しかしダーウィン自身は変異とは何か、遺伝とは何かを正確には知る由もなかったはずです。もちろん遺伝子の発見などずっと後のことです。にもかかわらず、遺伝する変異が進化の決め手だと明言したダーウィンの洞察力の鋭さには驚かされます。この考え自体は現在でも基本的に正しいとされています。

ダーウィン進化論のもう一つの大きな特徴は進化を駆動する〝力〟として「自然選択」を持ち出したところです。

生物のからだは、生物の意志とは無関係に途切れることなく変化（変異）します。変異をためこむのは生物自身ですが、どの変異どの個体が生き残るかを決めるのは自然環境であり、進化するかしないかを決めるのはあくまで環境の側という考えです。生物の変異（変化）がランダムであっても、現実の生物がみなバランスの取れた美しい形をしているのは、自然に適者が選択された結果だというわけです。あるいは自然環境に適さないものは排除されると言い換えてもかまいません。ここでいう適者とは、子供の数をより多く残せる者、子孫繁栄が約束された性質をもつ者をいいます。

このように「変異の発生→自然選択」という過程を、世代を超えて延々とくり返すことによって、生物はきわめてゆっくりとしたスピードで進化していくというのがダーウィン進化のセントラルドグマ（中心的教義）です。

2　遺伝という現象の発見

問題は遺伝のしくみです。進化には自然環境が大きな役目を果たしますが、遺伝のしくみは確実に生物側にあるはずです。ダーウィンが知らなかったそのしくみの基本原理を発見したのがグレゴール・メンデルです。遺伝子も染色体も発見されていない一三〇年も前のことです。

メンデルはエンドウの茎の背丈や豆や葉の形に注目し、交配実験の結果から、現在でもまったく正しいとされる遺伝の法則を見つけました。その成果が発表されたのが一八六六年。『種の起源』の出版は一八五九年ですから、ダーウィンはこの研究を多分知らなかったはずです。

メンデルは純系の背の高いエンドウと背の低いエンドウを掛け合わせ、遺伝する特徴が現れる割合を解析することによって、以下のメンデルの遺伝法則にたどりつきました。

◎優性の法則
背の高いエンドウと背の低いエンドウを交配させると、子供はみんな背の高いものになります。この不思議な現象をメンデルは次のように説明しました。

花粉には背を高くする粒子が一つあり、メシベには背を低くする粒子が一つある。受粉（受精）が成立すると、できた子供は例外なく、背を高くする粒子を一個と低くする粒子一個、計二個の粒子をペアでもつ。対立する性質の粒子をもった場合、どちらか一方の性質だけが現れる――この性質として現れる方の粒子を優性と呼びます。背の高さでは、高いほうが優性なためにすべての子供の背は高くなるというわけです。

逆の掛け合わせ、すなわち、背を低くする粒子をもつ花粉を、背を高くする粒子をもつメシベに受粉させても結果はまったく同じでした。

◎分離の法則
次に、右の交配実験で生まれてきた背の高い子供同士を交配させます。そうすると性質としては現れていない背の低くなる粒子をペアでもつものが出てくるはずです。予想通り、背の低いものが分離して出てきました。

◎独立の法則

メンデルは背の高さ以外に、豆の皮の性状、花の付き方、葉の色、花の色、サヤの色、マメの色の計七個の形質を選んで実験をしました。それぞれの形質をもつ純系のエンドウの間で雑種をつくっても、それぞれの形質はお互いに影響されずに、それぞれ独立して現れることがわかりました。これを独立の法則と呼びます。

メンデルの際だって優れていた点は、遺伝を支配する物質を、それまでいわれていたようなどろどろした液状のものでなく、粒子状のものであると考えたところです。液状物体では、父方、母方から来た遺伝要素が交配のたびに混ざり合ってしまい、分離や独立の法則に見られる現象は観察できないでしょう。

また、遺伝粒子はごく小さいものですが、何世代にもわたって不変不動のものだということが暗に示されています。これが天才メンデルの最大の功績の一つだといってもいいでしょう。遺伝を支配するような重要な役目を担っている因子が、不安定でいつもふらふらしていたら困るのです。この遺伝物質の大きさとその安定性については、理論物理学者であるシュレディンガーが名著『生命とは何か』のなかで見事に論じています。ご一読をお薦めします。

もうひとつ、メンデルの発見で重要なのは、父方、母方からそれぞれに遺伝粒子を受け取って、子はペアでもつという発想です。このペアになる遺伝子を「対立遺伝子」と呼びます。遺伝子としては一つあれば機能しますが、かならず二つもっている。これが後で進化を考える際に生きてきます。

3　突然変異によって形質が変化する

くり返しになりますが、ダーウィン進化論の中核をなしている考えは、世代ごとに積み重ねられた変異が原因となって形質の変化が起こり、変化した形質が自然によって選択された結果、進化が進むということでした。では「変異」とは何でしょうか。

エンドウの豆を適当な間隔で畑にまきますと、やがて芽が出て育ちます。その背丈はだいたいそろっていますが、日当たりや、水分、栄養分の行き渡り方の違いによってどうしても高低ができます。こうした日常自然界で見られる変異は、いわば生育環境に左右される個体差といってよく、通常は遺伝しません。

ところが、きわめてまれに、際だって背の低いエンドウ（矮性）が突如出現することがあります。この矮性を目安に近親交配をくり返しますと、矮性の系統が樹立できます。すなわち矮性の形質は遺伝します。

一九〇一年、オオマツヨイグサの交配実験でこの**遺伝する**変異を見つけたユーゴー・ド・フリースは遺伝物質に何らかの変化が生じたのだと考え、この現象に「突然変異」（Mutation）という名を与えました。

つまり、形質に差ができる原因は大きく分けて二つあり、一つは、成育環境など後天的なもので遺伝しません。もう一つは、先天的なもので、何らかの変異が生殖細胞の遺伝物質に起こっています。この形質は遺伝するのが特徴です。現在では変異といえば、この遺伝する突然変異を意味します。

ド・フリースが注目した突然変異は、すべて自然に起こったものです。したがって、突然変異を起こした原因も、変異の素性も不明のままでした。ところが一九二七年、ハーマン・J・マラーは、親のショウジョウバエに適当な量のX線を照射すると、その子供に突然変異が形質として現れる率が通常のそれとくらべて一五〇倍も上がることを発見しました。マラーは、X線により親の生殖細胞の遺伝物質が破壊され、その結果、子供の発生・成長に異常をきたしたのだと結論しました。

この実験は世界で初めて人為的に突然変異を起こすことに成功した例です。さらに、X線や放射線が人体に遺伝的な障害を与える危険性があることを指摘し、レントゲン撮影の医療現場で働く人々に注意を喚起したこともマラーの功績です。

いつ起こるかわからない突然変異を待つより、X線の照射の条件を変えたりして、目的とする変異体をいつでも好きなときに作製することができるようになったのは、大きなブレークスルーでした。これ以降、実験遺伝学や放射線生物学が隆盛をきわめてゆきます。

4　遺伝子の位置を決める

では遺伝物質はどこにあるのか、その正体は何か？　十九世紀の末には顕微鏡の性能も格段に進歩しており、研究者たちは懸命に細胞の中に遺伝物質を探し、ついに一九〇二年、遺伝子があるのは染色体だとする染色体説が登場します。そして一九二六年、トーマス・ハント・モーガンらによって、染色体・遺伝子・形質の三者の関係が明らかにされました。この功績によりモーガンはのちにノーベル賞を受賞します。

モーガンは研究材料としてキイロショウジョウバエを選び、その突然変異体に注目しました。この昆虫は、ワインや熟れた果物を好む赤い眼をしたお馴染みの小さなハエです。モーガンらは多くの突然変異体を集め、これらを交配することによって、染色体上に遺伝子の位置（遺伝子座）を特定することに成功します。どうしてそんな器用なことができたのか、ここではその原理を説明することにします。

①遺伝子間の距離を決める

メンデルの選んだ七つの形質は、実はほとんどすべて別々の染色体の上にありました。そのおかげで遺伝の法則が発見できたのですが、偶然とは思えません。おそらくメンデルは経験的にそうした形質を選んだのでしょう。

実際には、交配実験で複数の形質変異が常に組になって現れることがあります。これらの遺伝子はグループとして同一染色体の上に乗っている可能性が高いといえます。これを「連鎖」と呼びます。

染色体に関する情報がまったくなくても、十分な数の変異体が準備されていれば、近親交配（兄妹交配）をくり返し、連鎖関係を調べるだけで、染色体の数もおよその見当が付きます。ただ、これだけの情報では遺伝子間の距離を知ることはできません。モーガンらが遺伝子間の距離を相対的に測るのに利用したのは、交叉という現象です。

キイロショウジョウバエは父と母から染色体を一セット（四本）ずつもらいますが、この一セットのことをその生物の全遺伝情報の意味で「ゲノム」といいます。また、ペアになった染色体は「相同染色体」と呼びます。キイロショウジョウバエは四組計八本の染色体をもつことになりますが、精子や卵といった生殖細胞をつくるには「減数分裂」によって染色体を半分の四本にしなければなりません。

減数分裂に入る直前、相同染色体が細胞の分裂面に沿って平行に並びます。このとき、両染色体がクロスして、特定の領域をそっくり相手と交換することがあります。これが「交叉（組み換え）」です。交叉が起こるので、生殖細胞の中のゲノムは父（または母）由来のそのままではなく、一部がまぜこぜになっているのです。

さて、遺伝子座を決める話に移りましょう。わかりやすくするために、一本のひも状の染色体の上に、a—b、二つの劣性変異遺伝子が乗っている場合を考えます。対をなす相同染色体の遺伝子構成はともに優性のA—Bとします。もしa—b間がとても近ければ、この間で切れて交叉

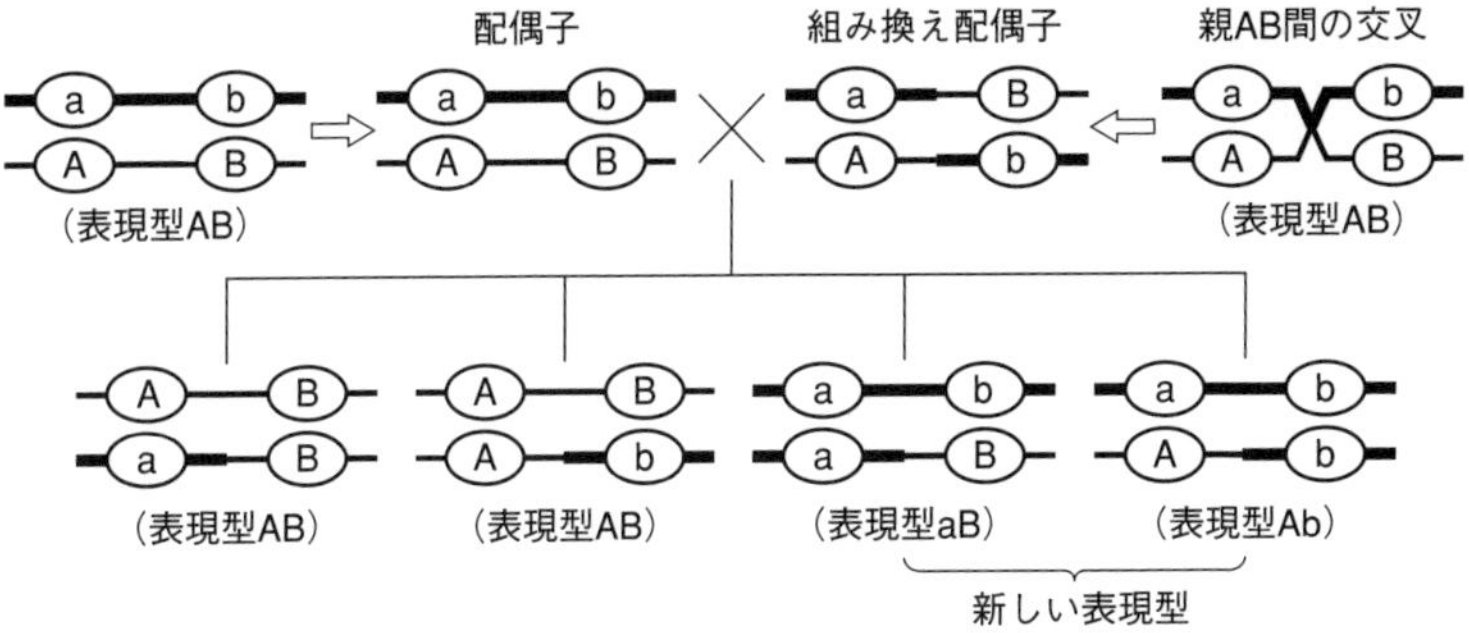

図1-1　交叉による新しい表現型の創出

が起こる確率はほぼゼロです。二つの劣性遺伝子はまるで一つの遺伝子のように一緒に行動します。二つの変異が同時に表現型としてハエに現れるのは、a―bがホモになったときだけです。

ところが、a―bが離れていると、その距離に比例してa―b間で交叉が起こる確率が大きくなります。世代を重ねるにつれ、これら二つの劣性形質が同一個体に同時に現れる確率は、ずっと低くなります。交叉によって、a―BとA―bという新しい組み合わせができ、新しい表現型が生まれるからです（図1－1）。

交叉がランダムに起こると仮定しますと、二つの遺伝子座の距離が離れていればいるほど、その中間で交叉が起こる確率は高くなります。したがって、a―bとA―Bの雑種をつくり、近親交配を重ね、aとbの表現型が分離する頻度を調べれば、a―b間の距離を相対的に知ることができます。

ただし、二つの遺伝子座があまり離れ過ぎていると、両遺伝子の間で頻繁に交叉が起こりますので、両遺伝子が別々の染色体にあるのと区別が付かなくなり、解析不能になります。

②遺伝子の順番を決める

遺伝子の並びの順番を決めるには、少なくとも、同じ染色体上にある三つの変異遺伝子が必要です。a—b—cがこの順番に並んでいると仮定します。もしa—b間で交叉が起こる頻度が、b—c間で交叉する頻度のほぼ一〇倍であれば、a—b間の距離は、b—c間の一〇倍と推定できます。このような手順をくり返すことによって、遺伝子間の距離と並んでいる順番を決められます。

非常に幸運なことに、キイロショウジョウバエは各遺伝子の位置が染色体のどの位置にあるかを実際に目で確かめることができる珍しい実験材料でした。このハエの唾液腺の細胞は巨大で、多数の染色体が並列し、しかも縦に大きく伸びているので、分裂期でなくても顕微鏡で直接に染色体を観察することができます。さらに、染色体の全長を通して、まるでバーコードのように太さがまちまちの細かい横縞模様が五〇〇〇本近くあり、その一本一本が一つの遺伝子座に対応しているのではと考える研究者もいるほどです。たとえそうでなくても、一つの遺伝子を特定の縞と関連づけてその位置を決定することができます。

このようにして、たくさんの遺伝子座を染色体の上に描きこむことができます。これを染色体地図と呼びます。

今まで幻の存在であった遺伝子の位置が、染色体上に目で確認できるようになりました。この進展は、未だ遺伝子の実体が明らかではなかったものの、研究者を大いに安心かつ興奮させたことは確かです。しかも、これまでの遺伝の研究材料がもっぱら植物だったのに対し、材料が動物であったことも幸運でした。動物であるハエで起こることは、ヒトでも起こると考えるのはごく自然です。こうして、ヒトでも遺伝子が染色体の上に一列に並んでいて、メンデルの法則に従って形質が遺伝する、という確信が研究者の間に生まれました。その意味でモーガンはまさに現代遺伝学（発生遺伝学）の父である、といっても決して過言ではありません。

5　集団遺伝学

ダーウィンの進化論とメンデルの遺伝の法則は、十九世紀の半ば、ほぼ同時期に発見されましたが、両者を結びつけるには半世紀以上の年月を要しました。それは生物統計学という新しい数学分野の誕生を待たなくてはならなかったからです。

一九三〇年代に、統計学者であったロナルド・フィッシャー、シーウォール・ライト、J・B・S・ホールデンらがその数学的基礎をつくりあげ、「集団遺伝学」が誕生します。集団遺伝学は、生物を個体ではなく、集団として捉えるのが特徴です。ある集団内に存在する特定の遺伝子の割合が、時間とともにどのように変遷していくか、その法則を見つけ出そうとする学問です。最終目的は生物進化、すなわち、新しい種が生み出されるメカニズムを明らかにすることです。

数学的に物事を取り扱うには、対象をできるだけ単純化する必要があります。たとえば、次のような理想的条件が設定されます。①突然変異はランダムに起こる。②集団の大きさは一定とする。③集団は一種類の生物で構成され、雌雄は同数とする。④集団内で交配はランダムに起こる。

⑤次世代により多くの子供を残す個体を適者とする、等々です。

一〇匹で構成される集団であれば、雌雄同数ですから五組のカップルが同時に交配して、五匹の子供が生まれると一五匹の集団になります。集団の大きさは一定ですから、ここから無作為に五匹を集団の外へ追いやります。こういう操作をくり返し、集団内にどのような遺伝子が残るかを調べます。

ある集団にaという劣性の突然変異遺伝子が一個現れたとします。一万匹の大きな集団だとしましょう。A／Aばかりの集団の中で、a／Aが運良く生き残れば、少しずつa／Aを持つ個体が増えていきますが、a／A同士が出会う確率は非常に小さく、変異遺伝子をホモにもつa／aが生ずる可能性はほとんどありません。aはやがて集団から消えてしまうかもしれません。

では集団が一〇匹で構成されている場合はどうでしょうか。一〇匹のうち一匹がa／A、残り九匹がA／Aとします。自由な交配の結果、a／Aの組み合わせがかなりできます。次に、a／A同士の交配でa／aの組み合わせができる確率が大集団とくらべてぐんと高くなることは容易に想像がつきます。場合によっては、集団全体がa／aになる可能性もそう低くはないはずです。

このように、集団内の遺伝的構成は、誰と交配するか、誰が集団から排除されるか、という偶然の出来事に左右されます。ここには自然選択が介入する余地はありません。ライトはこれを「遺伝的浮動」と呼びました。遺伝的浮動は集団が小さいと想像以上に集団内の遺伝的構成に影響を与えます。結果として小集団ごとに異なる遺伝子プールが生み出され、その小集団間に対して自然選択が働くと考えます。

たとえば、A／Aが大半を占める集団と、a／aが大半の集団とがあるとします。ここで環境に変化が起こり、a／aの方に有利な環境になったと仮定します。するとa／a主体の集団はより多くの子孫を残し、新しい種に進化する可能性があります。反対に、適応度の低いA／Aが大半を占める集団は、消滅する可能性が高い。このように遺伝的浮動によって独自の遺伝的構成に集約された小集団のバラエティがたくさんあれば、この生物種が生き延びられる確率が高くなるというわけです。

集団遺伝学が数学モデルのみで理論をつくり上げたことに対し、生物を単純化しすぎているとの批判もありました。そこで、テオドシウス・ドブジャンスキーが野生のショウジョウバエを使って、突然変異遺伝子が集団内にどのように、どの程度広がっていくのかを調べました。

両親がもっているのとまったく同じ遺伝子型を野生型とします。それに対し、両親からきた同じ遺伝子座にある対立遺伝子が、二つとも変異型である場合はホモ接合体、一方が野生型で片方が変異型の組み合わせをヘテロ接合体と呼びます。ドブジャンスキーは、野生型・ホモ接合体・ヘテロ接合体があるバランスをとるように選択圧が働いていることを証明し、集団遺伝学のアプローチが現実の生物世界にも適用できることを示しました。その上で、進化とは「遺伝子プール中の対立遺伝子の頻度の変化」であると定義しました。

集団遺伝学は、適者生存というダーウィンの自然選択のコンセプトを「適応度（残す子孫の数）の増加をもたらす遺伝子の割合は増加する」と言い換えることで、遺伝する変異がどのように進化へつながるかを示しました。ここでようやく、ダーウィン進化論とメンデルの遺伝法則とが統合されたのです。

集団遺伝学の卓抜なアイデアは、集団の大きさと遺伝的浮動というコンセプトを導入した点に尽きます。もともとダーウィン進化に対しては、「自然に起こる突然変異によるごく些細な形質の変化が自然選択の対象になるのか」といった批判がなされていました。自然選択が働かなければ、有利な突然変異が残らないではないか、というわけです。しかし、遺伝的浮動であれば、自然選択によらなくても、ごく些細な変異が集団内に固定されることがあり、よりバラエティに富んだ遺伝的構成を持つ小集団を効率よくつくり出せます。適者生存と自然選択はその小集団に対して働く原理だと説明されたのです。

6　分子進化の中立説

一九六七年、木村資生（もとお）が「分子進化の中立説」を発表すると、ダーウィン進化論の根幹をなす自然選択を否定するものだとして激しい論争が巻き起こりました。

事の始まりは、哺乳類の比較研究から、遺伝子の変異（DNAの塩基置換）が、平均二年に一回ぐらいの驚くべき速さで起こっているという発見にありました。これほど急速な変異は、自然選択では説明できません。そこで木村は、この事実をなんとか説明するために、自然選択にかからない中立の変異というものを想定しました。

つまり、分子レベルで生じる変異の大部分は、有利でも不利でもない「中立」で、適応度には影響を与えないということです。中立ではない変異のほとんどは有害なので、やがて集団から排除されます。一方の中立変異は、自然選択にかからないので、排除されることなくゲノム内に蓄積します。そして中立変異が遺伝的浮動によって集団内にひろまった結果、進化が起こるとしました。さらに、進化速度はＤＮＡの塩基置換率（突然変異率）に等しいと考え、ある特定の遺伝子において塩基置換が種を超えて年あたりほぼ一定の割合で起こると指摘しました。

中立説を支持する有力な証拠を一つ挙げておきましょう。

糖尿病で有名なインスリンの前駆体にプロインスリンというタンパク質があります。これは、三つのアミノ鎖が、Ａ―Ｃ―Ｂの順に連なった構造をしており、ＡとＢが向かい合うように折りたたまれ、中央のＣの部分が切り出されることで初めてインスリンとして作用します。

それぞれの領域をコードしている遺伝子の変異率を調べてみると、Ａ・Ｂ領域にくらべ、Ｃ領域のそれは六倍も高いのです。変異はプロインスリン遺伝子の全領域に均等に入るはずですが、切り出される領域に入った変異はインスリンの働きには影響を与えない、つまり中立の変異ですから自然選択にかかりません。排除もされず蓄積されます。一方、Ａ・Ｂ領域に入った変異の大部分は、インスリンの働きを低下させてしまうため、自然選択の対象となり、変異遺伝子をもつ個体はうまく生きていけず自然に排除されるというわけです。

このようにＤＮＡの分子レベルでは、進化の主役は自然選択ではなく遺伝的浮動が果たすことになります。中立説が「適者生存」ではなく「幸運者生存」と呼ばれるのはそのためです。

しかし、この例からもわかるように、中立説はダーウィンを頭から否定したわけではありません。木村は、分子進化には中立進化が幅を利かしているが、表現型進化には自然選択が働いている場合が多いといっています。有利な変異は自然選択によって選択され、不利な変異は排除されるという意味では、選択説と同じです。

また、DNA(遺伝子)に蓄積された中立変異は、環境が変われば有利な変異にもなりうると木村は考えていました。中立かどうかは相対的な問題で、環境によって遺伝子型や表現型は中立にも有利にもなります。そのうちに偶然、新規な活性を備えたすばらしい遺伝子ができあがる可能性もあると示唆し、これをポーカーになぞらえて「ロイヤル・ストレートフラッシュ」と呼びました。突如としてこの遺伝子が使われれば、新しい種に進化するというわけです。

これらの点への理解が進み、今では中立進化説もダーウィン進化論の流れにあるものと認められています。

7　自然選択という呪縛

集団遺伝学はその後、新たな知見や、広範な洞察を取り込みながら現代の総合進化説へと展開していきます。その目指すところは、詰まるところ、どのようにして現在のような生物の複雑な形態や行動が生み出されたのか、いかにして種は分化し、多様な生物が生み出されたのかを理解することです。現在の進化生物学は分子生物学の成果もふまえた精緻な理論を展開していますが、詳細については本書の議論を進めるなかで紹介・検討していくことにします。

前述したように、分子進化の中立説もいまでは総合進化説に組み込まれています。それには現実問題として、同じ種の個体間にも大量の遺伝的差異があることがわかってきたという事情もあります。これは「遺伝的多型」と呼ばれ、血液型のABOなどが有名ですが、DNAの一文字（一塩基）だけちがったり、数塩基がくり返し現れる箇所でくり返しの数がちがうなどさまざまな種類の多型が発見されています。これほどのばらつきは、中立説を認めなければとうてい説明がつかなかったのでしょう。

もう一つ、中立説で重要なのは、特定の遺伝子の進化速度（塩基置換率）は種を超えて一定であるとしたアイデアです。特定の遺伝子の塩基レベルの違いを調べれば、種が分かれてからどのくらい年月が経ったかを知る分子時計として利用できます。チンパンジーとヒトは六〇〇万年前に共通祖先から分岐したといった話題も、この分子時計を利用した例の一つです。

もし化石や地層から得られた実測値が分子時計の予測から外れている場合には、何らか自然選択の力が作用した（選択圧がかかった）と推測することもできます。

現在主流の進化論の中核にあるのは、この「自然選択」です。どの段階、どのレベルで自然選択が働くかはさまざまですが、バラエティに富んだ遺伝する変異のうち適応度（生存、繁殖する確率）の高いものが残るという考え方に変わりはありません。その変異のバラエティを生じるメカニズムとしては突然変異を、変異が種内に広がり固定されるメカニズムとしては遺伝的浮動といろいろな種類の選択圧を、そして種分化をもたらすメカニズムとしては生殖隔離（新しい変異の出現によって、その変異をもたない個体との間には子孫を残せなくなること。地形などの影響で、ある範囲内でしか交配できないことも含まれる）を想定しています。この三つのメカニズムの働きによって生み出されたバラエティに対し、自然選択によって存続と絶滅が決定される――

これがダーウィニズムの基本です。

しかし私には、正直なところ、ダーウィニズムにおける「自然選択」という言葉が一種の魔物のように思われます。もしかすると〝黄門様の印籠〟にたとえたほうが当たっているかもわかりません。ダーウィンは実にうまい言葉を選んだものだと感心します。

自然とはいったい何でしょうか。気温、湿度、重力、圧力、光、放射線などの物理的なものから、pH、有機物質、栄養素など化学的なものまで、〝自然〟にはありとあらゆるものが含まれます。生物自身も自然の一つに数えなければなりません。自然とは、無数の要素がからみ合い、しかもダイナミックに絶えず変化しているもので、これほど捉えどころのないものはありません。

ですから「自然選択によって生物は進化する」といわれると、「自然がすべてを解決するのだ。答えはもう決まっている」といわれているようで、思考停止せざるを得ません。創造主としての神を否定したはずのダーウィンが、自然という〝神〟に進化を託してしまったと考えるのは穿ちすぎでしょうか。

もちろん私も自然選択を信じる一人ですが、進化を論じるにあたってはひとまず意識的に自然選択の呪縛を解くことで、進化の未知の側面が見えてくるのではないかと考えています。

第2章
進化と時間

受精卵という一個の細胞が分裂して六〇兆にまで増えて一人の人間になる。これも進化の結果です。チョウの羽の模様がまるで目玉のように見える。これも進化の結果です。実に不思議ですが、こうしたことは何十億年という時間が解決してくれると進化論はいいます。どれもこれも自然選択の賜物だというけれども、何十億年もの長い時間があれば、そりゃあ何だって起こる、どうせ過去に起こったことだからわかるはずもない、進化論なんていった者勝ちだ……と、このように考えておられる読者の方はかなり多いと思います。実は、私自身も考えに窮したとき、幾度かそう思ったことがあります。これが、久しく進化は生物学の〝聖域〟だといわれてきた所以です。

この章では、まず始めに、進化は時間と関係があるのか？　という、あえて禅問答のような問いかけをすることによって、進化という聖域に一歩でも踏み込める足場を探してみたいと思います。

1　進化は時間の関数ではない？

地球の誕生から四五億年、現在のバクテリアに似た生物が初めて地球上に現れてから三五億年の年月が経過したとされています。したがって、一般的には、進化には気が遠くなるほどの長い時間が必要であると信じられています。確かに、始原的バクテリアからヒトができるまで、三五億年の年月を要したことは化石の研究から明らかです。だからといって、始原的バクテリアがヒトのような知的高等生物に進化するのに三五億年の時間が必要である、という結論にはなりません。

逆の例ですが、三五億年より以前に地球上に誕生したはずのバクテリアが、今でも同じような形をして存在しているという事実は、何年経っても変わらないものは変わらないということを示しています。もしかすると、ある種のバクテリアは地球上に初めて現れて以来、ほとんど進化しなかったのかもしれません。

地球上の生物の大元は一種類のバクテリアであったと信じられています。ヒトも現存する多種多様のバクテリアも共通の始原的なバクテリアから分岐してきたとしますと、進化のスピードは生物の種類によって恐ろしく違うということになります。生命誕生から三五億年の間に、あるバクテリアはヒトにまで進化しましたが、別のバクテリアは依然としてバクテリアのままでいます。つまり、進化は、ときによっては加速し、また場合によってはほとんど停止することができる柔軟なものであると想像できます。

もう一度地球の歴史を最初からやり直すことができるとすれば（もちろん机上の思考実験ですが）、生物の進化過程が再現されるという保証はどこにもありません。すでにお話ししたとおり、進化は突然変異や遺伝的浮動といった偶然の出来事に大きく左右されます。また、環境のわずかな違いも自然の選択圧に差を生じるので、まったく同じ方向に、まったく同じ時間で進化が進むことはありえません。ですから、始原的バクテリアからヒトに匹敵するような知的高等生物ができるのに、今度は一億年もかからないかもしれないのです。進化は突然変異や遺伝的浮動のようなユニークで一度しか起こらないイベントの積み重ねの上に成り立っていますから、ヒトはおろか、ほとんどすべての現存生物の再現も不可能であることだけは断言できます。極端にいえば、進化の過程は、〝風が吹けば、桶屋が儲かる〟式に近いところがあるのです。

別の説明をしましょう。仮に、地球と同じ軌道上に双子の第二の地球が存在していたとしたら（力学的には問題があるでしょうが）、上に述べたことはきっと証明できたでしょう。双子の兄弟地球の〝ヒト〟は、きっとわれわれとは似ても似つかない容姿をもった知的高等生物になっているはずです。そして、生存競争の業(ごう)から逃れられずに、相も変わらず兄弟喧嘩をして、挙句の果てに、ミニ宇宙戦争でも始めているのでしょう。

進化を方程式で表せるかどうかは別にしても、「進化は時間の関数である」という言葉は、任意の時間（t）において、進化を表す関数（f）の値は一義的に決まるという意味です。この方程式を解けば、たとえば、人類から新しい種が分岐して新人類が誕生するのは何年ぐらい後なのかが予測できることになります。多分そんなことは不可能でしょう。現状では、進化は時間に関係する現象ではあるが、時間の関数ではない、と結論せざるをえません。

現在、集団遺伝学的アプローチは進化の問題を考える上で広く受け入れられています。先に述べましたように、集団遺伝学では、対立する遺伝子（たとえばＡとａ）の集団内における存在頻度の推移を考えることで進化の問題に迫ろうとしています。この場合には、有利な遺伝子の集団内での広がりに注目します。集団内の対立遺伝子は、世代を経るに従って刻々とその広がりを変えていきますから、進化を時間の関数として捉えようとしているように見えます。

さらに、集団遺伝学は、進化の展開に大いに関係する新しい変異の追加的発生についてはあまり論じていません。たとえば、ヒトでは一世代ごとに一〇〇を超す新しい変異が追加されることがわかっていますが、これほど多くの変異遺伝子の集団内における頻度の時間的推移を論ずるのはあまりにも複雑すぎます。これらのことは、集団遺伝学の前提として、変異は完全にランダムに発生しているものと仮定していることと深い関わりがあるのではないかと思います。もし、変異がランダムではなくて偏って入るとしますと、数式で表すにはそのルールを見つけ出さなくてはなりません。ルールが複雑であれば数学的に取り扱うことが困難になるでしょう。

逆に、変異の入り方に一定の法則性があるとしますと、その法則性こそが進化を記述する方程式の基本部分を構成すると考えられます。

視点を変えて、化石や現存生物に見られる有利な表現型（たとえば、キリンの首が長い、オットセイやイルカの手足はヘラのような形をしているといった外見上の特徴）こそが進化だと捉えますと、進化は時間とは何の関係もないまったく別の原理に従って進んでいることになります。

時間とは関係なさそうな、進化を進める未知の原理を探索するのが本書の最大の目的です。

2　ジュラシックパークは可能か？

ジュラシックパークは、映画にもなった有名なSF小説『ジュラシック・パーク』の中に出てくる恐竜動物園のことです。時折、琥珀のなかに偶然閉じこめられた昆虫化石が見つかります。琥珀はマツヤニが化石化したものですから、閉じ込められた生き物は腐敗せず、DNAも残っています。そこで、恐竜が栄えたジュラ紀の吸血性昆虫の琥珀化石から、その昆虫が吸った恐竜の血液細胞を集め、恐竜のゲノムDNAを取り出して同じ爬虫類であるワニの受精卵の核と交換し、恐竜を甦らせようというストーリーです。この昆虫は手当たり次第恐竜の血を吸いますから、どんな種類の恐竜もつくりだせるわけで、これで恐竜動物園をつくって一儲けを企むというお話です。こんなことは本当に可能でしょうか？

本題に入る前に、核（ゲノムDNA）と卵の細胞質の関係について考えてみましょう。DNAは遺伝情報を担っている大切な物質ですが、どの遺伝子を、いつ、どこで発現させるのかという発生にとって大事な仕事の大部分は細胞質がおこなっています。また、DNAはそれだけではただの物質で、何の働きもありません。ヒトのゲノムDNAとエネルギー源、栄養素、ミネラル等生きていくために必要な物質を加え、試験管に入れておいても決してヒトの細胞はできません。つまり、DNAが情報として機能するには、細胞質が遺伝情報を読み取り、取り出し、タンパク質の合成反応を導くことが必要なのです。

恐竜は三畳紀（約二億五〇〇〇万―二億年前）に原爬虫類から分岐したと考えられています。現在のワニも、ワニの先祖が恐竜と袂を分かってから二億年以上の時間が経っています。この間にワニの卵の細胞質は恐竜のそれとは性質の違ったものに進化しているはずです。

この小説では、恐竜のゲノムＤＮＡをワニの受精卵に移植します。ワニの細胞質は恐竜のＤＮＡに働きかけて、遺伝子の発現のパターンを強制的にワニ型にしようとしますが、ＤＮＡ側は恐竜仕様ですから両者の折り合いがつかず、破綻をきたして異常な発生をしたり、死んでしまうことになるでしょう。

少し見方を変えて、ＤＮＡと細胞質の関係を情報理論の立場から考えてみましょう。ＤＮＡが担っているのは遺伝情報ですから、生命の営みは情報理論のルールに従うはずです。といっても難しい話ではありません。そのルールの一つに、「情報が同じでも初期値が違えば結果は異なる」というものがあります。

実社会における情報を例にとりましょう。米国ＦＲＢのバーナンキ議長（日本銀行総裁に相当）がある声明を発表するとします。同じ声明文（情報）でも、その発表の時期によって為替レートや世界の株価（結果）に与える影響は異なります。それはそのときの経済状況や政治情勢（初期値）に依存するからです。発表の内容とタイミングによっては、為替レートや株価に大きく影響する場合があります。生命現象であれ社会現象であれ、必ず情報が介在します。そして、情報の効果は、情報を受け取る側の状態（初期値）に強く影響されます。同じ音楽を聴いても、楽しくなったり、涙が出るときがあるように。

生物では、情報はDNAを、初期値は受精卵の細胞質全体を指すと考えてください。

さて、ワニの卵に移植された恐竜のゲノムDNA（情報）は、ワニの細胞質という初体験の環境（初期値）に突然遭遇することになります。この場合、あまりにも環境が違いすぎるため、DNA（核）と細胞質の間のコミュニケーションがパニックを起こし、発生はひどく乱されて、ついには死んでしまうでしょう。

今から半世紀も前に、この小説と同じような実験を試みた研究者がいました。同じ両生類の仲間である、イモリとカエルの受精卵の間で核の交換実験をしたのです。彼はイモリとカエルの中間の形態をした新規の生物の誕生を期待したのでしょうが、残念ながら発生の途中で死んでしまいました。ジュラシックパークの企画は、この実験同様、失敗に終わるでしょう。小説では、過去の恐竜のゲノムDNAを使っていますが、仮に生きている恐竜（ありえないことですが）の核をワニの卵に移植することができても同じ結果になるでしょう。

恐竜が進化してワニになったわけではありません。一般的にいえば、現在生きている生物種はお互いに祖先を同じくしますが、直接の因果関係はありません。このように進化の歴史を無視して、核移植で珍奇な生物を創り一儲けをしようという画策は、フィクションの世界の話にすぎません（ただし、ごく近縁の生物間では、例外的に核移植が成功するケースはある）。

核移植といえば、クローン技術の話題で耳にした方も多いでしょう。古くは、私の旧友であるジョン・ガードンがクローンガエルに成功し、最近ではヒツジやウシでクローン動物の作製に成功しましたが、これは同種間の核移植だからです。クローン動物の作製には体細胞の核を受精卵に移植しますから、原理的にはジュラシックパークのアイデアとまったく同じです。

一九五三年にジェイムズ・ワトソン、フランシス・クリックがDNAの二重らせん構造を発見して以来、分子生物学の研究が急速に進み、DNAが生命現象のすべてを支配するかのような、偏った考えが世間に広がっています。しかしDNAは単なる物質です。細胞質と相互作用をして初めて遺伝情報としての潜在能力を発揮できます。その遺伝情報の発現をコントロールするのは主として細胞質の方です。それも、借り物の細胞質では正常に機能しません。その細胞質も結局はDNAの指令によってつくられたものです。このようにDNAと細胞質はトートロジーの関係にあって、どちらが先、どちらがエライという問題ではなく、同じ細胞内に共存し相互作用し合っているからこそ、生命が存在し進化できるのです。この関係を壊すどのような操作も生命の存在を危うくするでしょう。

3　カンブリア爆発の謎

カンブリア爆発というのは、カナダ、ブリティッシュコロンビア州のバージェス山麓のカンブリア紀（五億四二〇〇万―四億八八〇〇万年前）の地層に、今日地球上に見られる動物のほとんどすべてのボディプランを網羅した多数の化石が発見されたことに端を発しています。現存する動物は三〇の門（分類学上の大きな単位。魚もヒトも同じ脊椎動物門）に分かれますが、そのほとんど全部がこの時期に現れました。しかも、一カ所に固まって発見されたので〝爆発〟と呼ばれるようになりました。

最初、これらの動物群は現存の動物種とは別のものとして分類されていましたが、サイモン・コンウェイ・モリスらの研究によって再分類され、上述のような結論に達したのです。コンウェイ・モリスからの私信によりますと、その後、中国雲南省澄江やグリーンランドでも同じような化石群が次々と発見されており、澄江の化石はバージェスのそれをはるかに凌ぐ質と量を誇るといいます。

一九四六年に、カンブリア紀より一つ前、先カンブリア紀にあたる六億~五億五〇〇〇万年前の地層（オーストラリアのエディアカラ地層）から、まったく別の種類の大型の軟体動物のような生物の化石が見つかりました。これらは絶滅した系統と考えられ、カンブリア紀の動物群とは関係がないとされています。しかし、数は少ないですが、先カンブリア紀にはカンブリア紀に見られるのとよく似た動物の化石が報告されています。ということは、カンブリア爆発よりずっと以前に、遺伝子レベルでは爆発の準備がなされていたということになります。おそらく、現生のほとんどすべての動物が持っている体の前後軸と体節の構造を決めるホメオティック遺伝子の原型が、カンブリア爆発よりずっと前にできあがっていたと推測されます。

いずれにしましても、カンブリア紀の地層から文字どおり爆発的に多種類の動物化石が現れたのは事実です。そのなかには、現代の海綿、サンゴ、クラゲ、線虫、ミミズ、貝、イカ、タコ、エビ、カニ、ムカデ、昆虫、ウニ、ヒトデ、ナマコ、魚、カエル、ヘビ、哺乳類等、だれもが知っている動物の先祖型生物がほとんど全部含まれています。なかには、全長数センチほどですが、象の鼻のように一本長いノズルが頭にあり、その先には鋭い口、奇妙なことに五つ目という、得体の知れないオパビニアというものもいます。また、アノマロカリスという体長六〇センチにも達する獰猛で泳ぎの上手そうな肉食動物もいました。

ダーウィンの進化論では、進化は途切れなくゆっくりと進むものとしています。しかしそれではこのカンブリア生物の爆発的な多様化はうまく説明できません。その点はダーウィン自身も認めていたようです。なぜこのような爆発的な新種の創成がこの時期に起こったのでしょうか？しかも、これほどの一大ドラマは地球の歴史でただ一度しか起こらなかったのです。動物の種類の数としてはカンブリア紀が最高で、時間とともに減っていったという説を唱える人もいます。

爆発が起こった理由としては、まず、先カンブリア紀には生物の絶対数が少なく、しかも餌となる微生物は豊富にいたので、動物の大集団を受け入れる前提条件は整っていたと考えられます。次に、眼をもった動物の出現が爆発の引き金を引いたとする説があります。眼がある生物は、眼で敵を的確に捉え捕食しますから進化的に有利です。また、これに対抗して身を守るため、三葉虫をはじめ、体表を堅い物質で覆ってしまう生物が適応進化したというわけです。それらが進化して現在のエビ・カニ類や昆虫になります。また、別の意見もあります。進化の駆動力として「遺伝子重複説」を提唱したことで有名な大野乾（すすむ）は、カンブリア紀に酸素圧が急上昇したために、酸素を利用してより効率的にエネルギーを生産する化学反応系が発達し、その結果エネルギー消費が激しい大型動物の多様化が可能になったとの考えでした（一九九四年三月三日、米国シティー・オブ・ホープ研究所における討論）。

ケンブリッジ大学の地球科学部門・古生物進化学教室のコンウェイ・モリスを訪ねたのは一九

九五年一月十三日のことでした。当時四十四歳であった彼は、さっそく講義室にいって私たちのために自らスライドプロジェクターの準備をしてくれました。がらんとした講義室で、私は彼に「不均衡進化理論」を説明しました。討論の時間を十分に取りたかったので、説明は一〇分足らずで終えました。そのとき何よりも驚いたのは、私のプレゼンテーションに対する彼の質問がほとんど分子生物学に関係するものだったことです。古生物学で形態学が専門の研究者で、これほど分子生物学に造詣の深い人にはこれまでに会ったことがありません。

当然のことながら、最後にカンブリア爆発の原因についての話題になりました。彼はそれはエコロジーだといいました。つまり、アノマロカリスのような強力な肉食動物が現れたので、それまであまりパッとしなかった動きの鈍い堅い皮膚で覆われたものが有利になり、適応進化し、多様化したという説明でした。私は「カンブリア紀の動物の変異率はどうなっているのでしょうか？」と尋ねました。しばらくすると彼は膝を叩いて、「あ、そうか！　突然変異はいつも一定だと思っていたよ」と大声でいいました。これ以上は本書のさわりに触れますので、あえてここで止めておくことにします。

帰り際に、どうしても教科書の写真に出てくる有名なバージェス動物の化石が見たいと申し出たところ、当時米国スミソニアン自然史博物館の若手学術研究員であったダグラス・アーヴィンに早速連絡をとってくれました。居ても立ってもおられず、同じ年の十二月十五日に、博物館と同じ建物の中にある彼の研究室を訪れました。私が前もって、オパビニアとアノマロカリスとピカイアが見たいと連絡していましたので、到着したらすぐに、研究室のスタッフが薄い引き出し付きの棚から無造作に標本を取り出してくれました。

オパビニアの化石を手にしたとき、正直言って手が震えたのを今でも覚えています。歯医者さんが歯を削るときに使うエアータービン式の切削器具を使って化石をきれいに露出させてあったので、教科書で見たのとまったく同じものが、しっとりとした黒いバージェス頁岩のバックから浮き出たようになっていました。アノマロカリスは四〇センチぐらいでした。昔のカメラの絞りのような円形構造の口蓋をしていて、食物を周りから圧縮して絞り切るようにして粉々にしてしまう能力があります。なるほど、エコロジー説を納得させるに十分な容姿をしていました。ピカイアはホヤやナメクジウオと同じで原索（脊椎の原型）をもっていますので、われわれ人類と同じライン上にある生物ですから、これが人類の最も古い姿だと思うと感無量でした。わずか一時間足らずの滞在でしたが、大いに刺激を受け興奮しました。

カンブリア爆発の原因を知りたいというのが、進化に興味を持つようになった動機の一つでしたので、コンウェイ・モリスとの出会いは私にとって大きな節目となりました。彼らと話しているうちに、カンブリア爆発をうまく説明できない進化論はどこかに欠陥があると強く思うようになりました。また、爆発の原因について未だに定説がないことも確かめることができました。

コンウェイ・モリスとはこのような縁で、拙著『DNA's Exquisite Evolutionary Strategy』（Kodansha, 1999）にも一文を寄せてもらいました。一緒に化石の採集に行こうという話もあったのですが、未だに実現していません。

4　偶然の積み重ねだけで進化は起こるか

進化論の歴史は、ダーウィンの進化論、集団遺伝学、中立説、そしてこれらを総合した現代の進化論という流れになっています。ここまで何度か強調してきたように、これらに共通している考え方は、偶然に起こる突然変異と偶然の〝揺らぎ〟が支配する遺伝的浮動、そして自然任せの自然選択と、どれも生物自身がコントロールできない偶然の事象が積み重なることによって生物は進化するとしている点です。

このような進化論の主流の考え方に反対の立場をとる人がいました。ダーウィン以降も、たびたび新しい進化説が提唱され、それは現在も続いています。ここでは、そのなかでも特に注目に値する進化説や、一見、遺伝子が関係しないと思われる遺伝現象を紹介したいと思います。

◎ラマルクの用不用説

ジャン・バティスト・ラマルクはダーウィンより約半世紀早い、一七四四年に生まれています。無脊椎動物の分類学が専門であった彼は、数多くの種類の無脊椎動物の形態を比較研究するなかで、体のしくみが簡単なものからより複雑なものへと変化していくことで、高等な生物が生まれるのだという考えに到達しました。すなわち、進化という概念を体系づけた最初の人でありました。ダーウィンも少なからずラマルクの影響を受けています。

ラマルクが進化の原因として唱えた有名な用不用説は、「よく用いられる器官は発達し、そうでない器官は萎縮したり退化したりする」と要約できます。キリンの首は高い木の葉を背伸びして食べているうちに、この形質が子孫に伝わって今日の姿になったという説明です。また暗い洞穴に棲む虫や魚が眼を失っていくのも、暗所では眼が必要ないから退化したとされます。この説明は感覚的にはよく理解できますし、現象の説明としては正しいと思います。

ラマルク進化説が、ダーウィン主義者の強い批判を浴びることになったのは、このようにして用不用によって親が生涯の間に身に付けた形質が子供に遺伝すると考えた点です。いわゆる「獲得形質の遺伝」という魅力的なコンセプトですが、今日的ないい方をすれば、分子生物学のセントラルドグマに反する、ということになります。セントラルドグマとは、DNA→メッセンジャーRNA→タンパク質→形質という情報の流れに逆行はありえないという立場です。つまり、形質が変わったからといって、その影響がタンパク質におよび、それがDNA（遺伝子）に突然変異として反映されることはありえないという意味です。これはそのとおりで、進化論、生物学の世界でセントラルドグマの逆行は未だにタブーです。

でも考えてみますと、この批判はラマルクにとっては実に迷惑な話で、当然彼はそんなことはいっていません。それよりも、ラマルク進化論の評価すべき点は、生物側に進化を駆動する要因があるとし、そのしくみを明確に指摘している点です。

ダーウィニズムに対抗する彼のコンセプトに心酔し、ラマルキズムで説明ができたという実験報告が現在でもときどき科学誌を賑わせています。しかし残念ながら、今日に至るまでラマルク説の証明に成功した研究はありません。

◎定向進化説

テオドール・アイマーは、生物には系統樹に沿って一定の方向性をもって進化する傾向のあることを認め、それが進化の原因であるとする定向進化説を提唱しました（一八八五年）。この説も用不用説と同じく、生物側に進化を駆動するメカニズムを求めている点でダーウィニズムと敵対します。よく挙げられる例はウマの化石の形態的変化です。祖先型のウマは背丈が数十センチと低く、足の指が四本あるのですが、だんだんと背が伸び、それにつれて指の数が減少し、ついに現在の一本の指をもつ背の高いウマに進化したことがわかっています。このように、ウマは既定のボディプランに従って進むべき方向に進化したのであって、自然選択がなくてもひとりでにウマになる運命にあったというわけです。

この考えには当然のようにダーウィン学派が噛みつき、自然選択説でも説明できるといい張りました。今では定向進化説は葬り去られているようですが、本当の意味で決着をつけるには、ゲノムの塩基配列の研究を待たなくてはならないでしょう。現状では、近縁種のゲノムの塩基配列を比較するしか方法は見当たりませんが、もし、変異の発生がランダムではなく、一定の法則性が見つかるようなことになれば、定向進化説に復活の望みがあるでしょう。

◎今西進化論

登山家として、日本の動物生態学研究の創始者として高名な今西錦司の唱えた進化説です。今西進化説は哲学先行型といいますか、思想先行型といいますか、なかなか理解しがたい説です。マルクス・レーニン主義を語らざるものは自然科学者にあらずといった、思想が先行した当時の学界の風潮を考えるとそれもいたしかたないことかもしれません。それよりも、今にしてもなお今西説が語られるのは、彼のカリスマ性、人間的魅力によるところが大きいと思います。ここで今西進化論を取り上げる理由は、自然選択に頼らないその心意気を買ったからです。

〝種社会〟というコンセプトが今西進化論のすべてを表しています。彼の〝種〟の定義は分類学上の種とは違って、同じ種に属する複数の個体でも、種を異にする複数の個体からなる集団でも、同じ環境に〝棲み分け〟ている集団を〝種〟とみなすのです。同じ〝棲み分け〟集団の中では、お互いが競合する場合もあるでしょうし、平和に暮らす場合もあるでしょう。この競争と共存のバランスがとれるように〝種〟は進化するというのです。この場合、自然選択の入り込む余地はほとんどありません。今西がいった言葉、「種はある時、一斉に、進化するのだよ」は、ある意味では当然の帰結だと思います。これまでの進化論はどちらかというと、個体（または、同種の集団）が進化の主体でした。今西は〝種社会〟という彼独自の進化のユニットを考えたのです。〝種社会〟の存在自体、現在は否定されているようです。今西進化説は一陣の風のように私の前を通り過ぎました。

◎細胞質遺伝

メンデルの遺伝法則は、雌雄があって、減数分裂を通して生殖細胞がつくられる生物で成り立つ法則です。完全無欠のように思われるこの法則でもどうしても説明できない現象があります。たとえば、植物の斑入り（青い植物体に白い点々が混じる等）の場合、雌株が斑入りだと全部の子供が斑入りになり、その逆は正常で緑色になります。このように母親の形質が子供に現れるので一般に母性遺伝ともいいます。卵は精子にくらべて多量の細胞質を持っていますから、卵の細胞質に未知の物質があってそれが子供の形質を決定すると考えられました。核にある遺伝子とは別の因子という意味で細胞質遺伝と呼ばれています。

一九三〇年代、ルイセンコが、環境因子が形質を決定し獲得形質が遺伝する、という考えを提唱すると、これこそ「マルクス・レーニンの唯物論的弁証法の勝利だ」として、時のソビエト連邦の為政者たちに政治的に利用されました。当時、ソ連の影響を受けて、わが国にも反遺伝子主義者が大勢いました。特に発生学者の多くは、細胞質遺伝こそが形質を決める本質だと色めき立ったものでした。それは私が大学院生の頃で、つい先日のように想い出されます。今日では、すべての細胞質遺伝は何らかのかたちでＤＮＡが関係していることが判明しています。

呼吸をおこなうミトコンドリアや光合成反応の場である葉緑体も、それぞれに特有のゲノムＤＮＡをもち自分で複製して、卵の細胞質を通して子供に運ばれることが明らかにされています。一般に、ミトコンドリアに起こった変異は個体の生理活性の低減に、葉緑体の変異は植物体の白化を起こします。以前はこれらの病的変異は遺伝子が関係しない細胞質遺伝とみなされていました。

バーバラ・マクリントックは、細胞内を自由に移動してゲノムＤＮＡのいたるところに移動することができるトランスポゾンという因子を発見しました。トランスポゾンによって引き起こされた変異形質はメンデルの法則に従いません。また、病原菌の薬剤耐性獲得に関わる因子としてプラスミドと呼ばれる環状のDNAがあります。なかでも複数の薬剤耐性遺伝子が一つのプラスミドに相乗りしていて、しかも隣にいる病原菌にそれをうつすことができるという、始末の悪いものもいます。この遺伝方式は病原菌の分裂とは関係がありませんので、正に遺伝の法則を超越した存在です。プラスミドは今では遺伝子操作に広く利用されています。このように、メンデルの遺伝法則では説明できない不可解な遺伝現象も、今日では例外なく遺伝物質（DNA、RNA）が関与していることが明らかにされています。

以上述べてきましたように、今日主流の進化説に対抗して出された多くの進化説は、残念なことに、ことごとく日の目を見ることなく終わってしまっています。偶然の積み重ねと自然選択以外に、生物側に進化の要因を求めるという方向性は買うのですが、いかんせん、実証と説得力に欠けていたというべきでしょう。

私は一貫して、進化の駆動力を生物側に求めるスタンスをとり続けています。過去の失敗の歴史にもくじけず、このベクトルの方向性を曲げずに議論を進めていきたいと思います。

第3章
進化、解けない謎

1　突然変異はどこからやってくるのか

生物の進化の鍵となるのはDNAの変異です。ではDNAに生じる変異は、どのようなもので、いつ、どのようにして起こるのでしょうか。

その説明に入る前に、一つ質問をしましょう。ヒトのゲノムは何個の分子からできているでしょうか？　答えは二三個です。え！　そんなに少ないの？　と驚かれた方が多いと思います。

ゲノムを構成するDNAはATGCという四つの塩基が長くつらなったひも状になっていますが、ひも一本で一分子です。このDNAがヒストンという物質にぐるぐると巻きつけられ、それをさらに巻き上げたものが一本の染色体になります。ゲノムとは、ある生物をつくるのに最低限必要な一組の染色体をいいます。ヒトゲノムの場合には、体染色体二二本と、性染色体XYのいずれか一本、計二三本で一組です。一本の染色体は長い長いDNA分子一個からできていますから、ヒトのゲノムは二三個のDNA分子からできていることになります。

卵には22＋X＝23本の染色体が、精子は22＋Yあるいは22＋X＝23本の染色体が入っています。卵と精子が合体してできる個体の体細胞には46本の染色体、つまり二組のゲノムが含まれています。これを二倍体と呼びます。

ゲノムレベルの変異は、このゲノム数の倍化によって起こります。たとえばパン小麦は六組のゲノムをもった六倍体ですが、もともと二倍体の野生種が交雑して四倍体になった小麦に、野生のタルホコムギが交雑して生まれた雑種です。このように、ゲノムの倍化によって新しい種が生まれることがあります。先にお話ししました、クローンガエルの研究材料に使われたアフリカツメガエルは四倍体です。アフリカツメガエルもおそらくは倍化によって生まれた新種でしょう。

しかし、奇数倍体になってしまうと減数分裂のときに配偶子に染色体を等配分できないので不稔になります。たとえば種なしスイカに種ができないのは三倍体だからです。植物ではあえて奇数倍体の植物体をつくり、別の植物体との交雑や自家受粉を避けることによって、自己の遺伝子を守り続ける戦略をとっている場合もあります。大木のように何百年、何千年という長寿の個体にとっては、自分自身と同じ個体を自分の周りにたくさん増やして地中の養分の取り合いをするより、ずっと賢いやり方だと思います。

染色体レベルの変異としては、最初に交叉を挙げることができます。交叉は減数分裂の際に両親から来た相同染色体同士で広い領域をそっくり交換するものです。同じ場所にある対立遺伝子を交換する場合もあれば、染色体の一部が切り出されて、一八〇度回転して再結合する逆位、一部がちぎれて同じ染色体の他の場所や別の染色体にくっつく転座、特定の染色体が数を増したり、欠落することもあります。これらの大掛かりな変異は形質に大きな影響を与えますし、遺伝病や不妊の原因にもなります。幸運な場合は進化に結びつくこともあるでしょう。

細菌の世界ではもっと過激なことが起こります。近くにいる別種の細菌のゲノムの一部をそっくり頂戴して、自分のゲノムに取り込みます。水平移動といわれるこの組み換えは日常茶飯事におこなわれています。これも立派な変異です。

また、トランスポゾンやレトロウイルス（たとえばエイズウイルス）は勝手気ままにゲノムに入り込むので、遺伝情報を攪乱します。これも変異の一種といっていいでしょう。

これらは比較的大きな変異ですが、DNAの分子レベルではもっと小規模な変異もたくさん起こっています。DNAに変異をもたらすものとしては、環境汚染で問題になる化学物質が挙げられます。これらは「変異原物質」と総称されますが、DNAの塩基を化学的に修飾し情報として役立たずにしてしまうか、別の塩基の役割に変えてしまうものが多く含まれています。また、紫外線や宇宙線のような放射線は、DNAを物理的に破壊したり、塩基の性質を変えたりして突然変異の原因となります。

実は以上述べたような変異原で起こる変異の進化に対する貢献度はほとんどないと考えてよいでしょう。

進化と密接に関わると思われるのはさらに小規模な変異、DNAが塩基一、二個、置き換わってしまったり、脱落や追加が起こるような変異です。

ＤＮＡは四つの塩基（ＡＴＧＣ）が連なった鎖で、塩基の並びが遺伝情報です。三つの塩基で一つのアミノ酸に対応しており、アミノ酸の並びによってつくられるタンパク質が変わってきます。たとえば、ＡＴＧの並びはメチオニンというアミノ酸に対応しますが、最後のＧがＣに変わってＡＴＣになるとイソロイシンというまったく違ったアミノ酸に対応します。ＡＴＧは遺伝情報の読み取り開始のサインにもなっていますから、ＡＴＣに変わってしまった箇所では遺伝子の翻訳がはじまりません。読み進めていった先の下流にＡＴＧが出てくるまでこの遺伝子は翻訳されないことになります。結果として、頭部を欠いた使い物にならない短いタンパク質ができてしまいます。このように、塩基がたった一つ置き換わっただけで生命に重大な影響を与えることがあります。

塩基の置換だけではなく、塩基の脱落や追加も致死的な影響を与えます。遺伝情報は三つの塩基で一つのアミノ酸に対応しますから、塩基が一つ脱落したり追加されたりするだけでその箇所から下流はフレームシフト（枠ずれ）を起こしてしまって、まったく意味のないアミノ酸の並びとなり、つくられたタンパク質はただのゴミです。

こうした置換、脱落、追加は、ＤＮＡの複製時に起こるミスといえます。具体的にはどのようにミスが生じるのでしょうか。

ＤＮＡは塩基が対になった二重らせん構造をしており、塩基が対になる法則は厳密に決まっています。ＡはＴと二本の水素結合（Ａ＝Ｔ）で、ＧはＣと三本の水素結合（Ｇ≡Ｃ）で結ばれ、地球上の生物はすべてこのルールに従っています。

ＤＮＡが自分を複製するとき、水素結合の腕が外れて、相手の鎖がいなくなった塩基が一列に並んだ二本の鎖に分かれます。二重鎖になるには、それぞれの一本鎖を鋳型にして、相手になる単体の塩基を捕まえなくてはなりません。もし、Ａ＝ＴとＧ≡Ｃの結合ルールが完璧であれば何も問題なく、まったく元と同じ二重鎖ＤＮＡ分子が二個できて、複製は完了するはずです（図３－１）。しかし、世の中はそう思うとおりには事が運びません。

塩基を構成している分子の内部で、電子が非常に短い時間ですが場所を移すことがあります。これは量子化学の世界の現象でだれも止めることはできません。電子が占める位置によって、塩基から出ている水素を与える腕と、受け取る腕の数が二本になったり三本になったりします。つまりＡは必ずＴと、Ｇは必ずＣと手を結ぶルールが破れて、たとえば、Ｃの電子が動いてＡと二本の水素結合（Ｃ＝Ａ）で対をつくるチャンスができます。二重らせんがほどけてできた一本のＤＮＡの鎖を形成している塩基の分子にも、細胞の中でふらふらしている単独の塩基にも同様の電子の揺らぎが起こります。このように、分子内での電子の振動によって腕の数が異なる二種類の塩基が生まれ、これを「互変異体」と呼びます。互変異体の頻度は環境中のpHや近くに並んでいる塩基の種類、電磁場の強さ等によって変化しますが、一定の割合でＣ＝Ａという異常な対ができてしまうのです。結合ルールからはずれたこのエラーは、まだ修正の余地がありますから、前変異損傷と呼びます。このままさらに次の複製に進み正しく複製されると、Ｃ≡Ｇ（野生型）とＴ＝Ａ（変異型）をもつ二つの子ＤＮＡができることになり、変異が固定されます。

以上述べた小規模の塩基レベルの変異や一塩基置換が生じると、細胞は巧妙な修復機構を働かせて変異を修復します。その修復を逃れた変異が固定されて進化に貢献するというわけです。
ヒトの遺伝子の数はゲノムあたりたったの二万五〇〇〇と見積もられています。ペンペン草でさえ二万八〇〇〇もの遺伝子があるのですから、このような少ない遺伝子でヒトがつくられているのは不思議といえば不思議なことです。さらに驚くべきことに、ヒトのゲノムのなかで遺伝子が占める割合はほんの数パーセントで、残りのゲノムの大部分の役割はまだよくわかっていません。

このように遺伝子はゲノムDNAにまばらに存在します。変異が遺伝子と遺伝子の間の冗長な部分に入る分には、大きな影響はないかもしれません。実際、この冗長な部分に、短い単位の無数のくり返し配列が生じ、世代を継いでくり返しの数が増えていく例も見つかっています。しかしひとたび変異が遺伝子部分に入れば通常重大な結果を招きます。何しろ進化の過程で改良に改良を重ねてきた遺伝子ですから、気まぐれに入った変異が有利に作用する可能性はきわめて低く、ほとんどの変異は有害か中立です。前に述べた染色体の逆位や転座も再結合した箇所で必ず塩基の並びが変わります。再結合の箇所がちょうど遺伝子の真ん中だったら大変です。その遺伝子は完全に破壊されます。

遺伝子は生命活動にとって必須な酵素や、筋肉やヘモグロビンのような生命になくてはならないタンパク質をつくる情報を担っていますから、変異による悪影響は推して知るべしです。これだけを考えると、有利な変異が世代ごとに積み重なって、選択され進化するというストーリーをにわかには信じられません。

図 3-1　前変異損傷と変異の固定

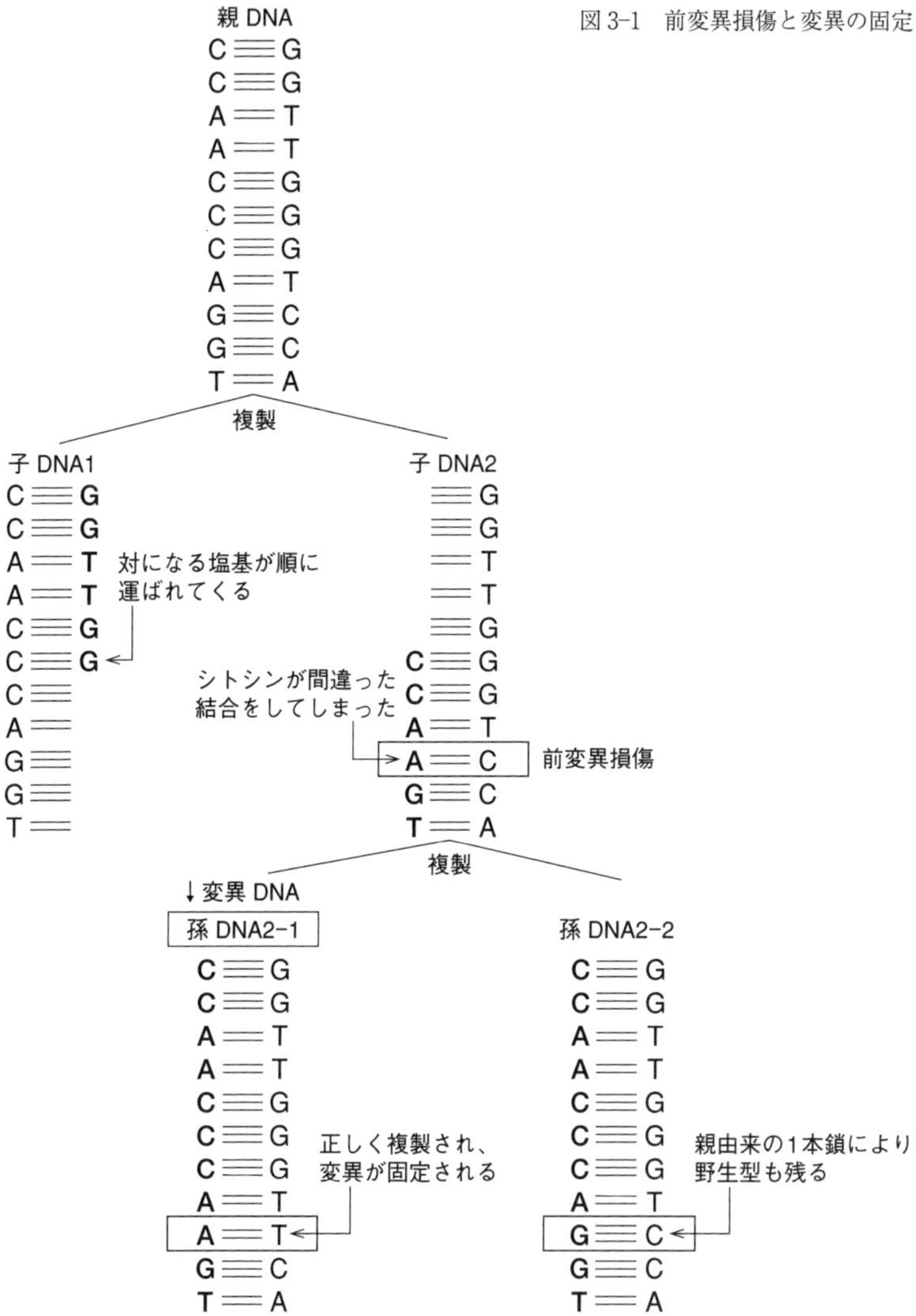

しかしだからといって、変異が起こらなければ進化はしません。DNAという物質は、塩基の互変異体が存在するために、複製のたびに否応なく変異が導入されます。その多くは一塩基置換か、一塩基の追加・脱落です。変異が自然に生じてしまうというところに、進化の源がそこに内包されているといえます。

生命は考えれば考えるほど巧妙にできていて、量子の世界の〝揺らぎ〟を利用して進化しているともいえるでしょう。DNAを遺伝情報として利用しているかぎり、生物は永遠に変異し進化し続けなくてはならない宿命を負っているのです。

2　生物が抱える本質的な矛盾

生物の大きな特徴は遺伝と進化です。

遺伝とは親とまったく同じ形質が子供に伝わることです。子孫に形質を正確に伝える遺伝というものなくしては、こうして三十数億年、連綿と生命が続くことはなかったでしょう。個体を維持する、そのしくみの根本がころころ変わってしまっては、すぐに死に絶えてしまいます。遺伝とはつまり、変わらないこと、正確に守り伝えることを旨とする、いわば保守そのものです。前節で言及したように、DNAの一塩基置換を修復する機構があるのもそのためです。

一方、進化は親と違った形質をもつ子供が生まれることが基本です。変化する環境に対応するためには、頑なに守っているだけではやはり死に絶えてしまいます。どんな状況が現出するかはわかりませんから、常に子供に多様な変異、進化の可能性を保証しておく必要があります。いわば、進化とは革新です。

このように、遺伝と進化はもともと正反対のベクトルをもった相容れない性質のもので、生物は保守と革新、不変と変化、正確さと曖昧さという本質的に矛盾する二つの性質を実現していかなければならない宿命にあります。日常、動植物を見ていてもあまり感じませんが、生物とは矛盾に充ちた不可思議な存在なのです。

一つの個体が、保守と革新（あるいは不変と変化）という、二つの相反する性質を同時に実現することは論理的にいって無理というものです。いくら頑張ってもこの問題を一つの個体で解決することは無理ですが、しかし、集団であれば、この矛盾を解決できます。集団をつくるには増殖という生物特有の営みが必要です。ヒトのような高等な多細胞動物では、プラナリアのようにからだがくびれて二個の個体をつくったり、ヒドラのように発芽して増えたりはしません。体細胞とは別に生殖専門の細胞である卵と精子をつくり、受精によって子供をつくります。この増殖の方法には、一旦個体を消滅させリセットすることによる正確な形質の継承と、受精による多様性の拡大という二つのメリットがあります。

保守と革新の矛盾を、生物が集団を通してどのようにして解決しているのか、遺伝子型を使って説明してみましょう。

今ここに、Aが優性でaが劣性である対立遺伝子をもつ、遺伝子型A／aの個体がいるとします。この個体には野生型Aと変異型aの二つの遺伝子が同居しています。別の見方をしますと、この個体はA＝保守（野生型）とa＝革新（変異型）という相矛盾する二つのポテンシャリティ

（潜在能力）をDNAの情報の中に秘めていることになります。しかし、野生型と変異型の形質を同一個体の上に同時に表現することは不可能ですから、このケースでは、表現型は優性の野生型になります。

次に、A／aをもつ個体同士が交配しますと、三種類の遺伝子型、A／A、A／a、a／aから構成される子供の集団ができます。A／Aの遺伝子型をもつ個体は、頑として保守性を守り遺伝子型も表現型も野生型のままです。A／aをもつ個体は両親と同じで、野生型と変異型両方のポテンシャリティをもっていますが表現型は野生型です。

さて、最後のa／a型の個体は遺伝子型も表現型も変異型です。集団の中にa／aの遺伝子型をもつ個体が現れたという事実は、親がポテンシャルとして内包していた革新性が解放され、表現型として具現化したことを意味します。新しく出現したa／aを持つ個体は自然選択の新規な対象となり、進化の候補者となります。

以上述べました遺伝子型を例にしたお話は、メンデルの遺伝法則の私なりの解釈です。メンデルの遺伝法則は、保守と革新という生物が抱える本質的な矛盾を表現し、しかもその矛盾を解決するしくみまで用意してあるとは、考えてみればすごいことです。

しかしながら、これで一件落着とはいきません。上に挙げた説明は、有性生殖をする生物に限っての話で、対立遺伝子という考え方には、もともと保守と革新という概念が含まれていて、交配によってそれぞれの性質が別々に具現化されることを指摘したまでです。

大腸菌のように、一組のゲノムしかもたない生物では、対立遺伝子は同じ個体内にはありません。大腸菌も生物ですから、遺伝もしますし進化もします。保守と革新の矛盾の問題は大腸菌とて同じです。一匹の大腸菌で保守と革新を同時に形質として実現することは不可能です。有性生物と同じように、やはり集団としてこの問題を解決するしか方法はないでしょう。

大腸菌が増えるときには、自分自身が無性的に分裂して二個の大腸菌になり、これをくり返して集団をつくります。しかしそこにもう一つの矛盾が立ち現れます。それが「変異の閾値（いきち）」と呼ばれる問題です。

大腸菌は無性的に分裂して増えます。大腸菌にとってはこの分裂が、われわれでいうところの子供をつくること、世代を重ねることを意味します。

もしこの大腸菌が世代を経るたびに、つまり分裂するたびに確実に一つずつ変異が入るとします。時間の経過とともに世代の回数と同じ数の変異がゲノムＤＮＡに蓄積されます。たとえば、一〇〇〇世代後には、すべての個体が一〇〇〇個の変異をため込むことになります。前にもお話ししたように、変異のほとんどは自然選択にかからない中立か有害な変異です。有害な変異のなかには致死的な変異も含まれています。何十億年という進化の時間を考えますと、もし変異が確実に一世代あたり一個の割合で入り続けたとしますと、その生物は絶滅の危機に曝されます。

自然界では、この例のように変異が一世代あたり「必ず」一個入る、というようなことはありません。変異が一個入るか二個入るか、入らないかはケースバイケース、偶然です。そこで、一世代あたりいくつ変異が入るか「平均して」変異率を求めます。

一定の大きさの集団で、変異率が１、すなわち世代ごとに平均して一個以上の変異が入りますと、その集団は絶滅する危険性があります。これが「変異の閾値」です。無限大に近い個体数からなる理想集団の場合には、変異の入り方の揺らぎのために、なかにはいつまでたってもほとんど変異の入らない個体が生き残るでしょうが、現実の生物集団は有限の個体数で形成されていますから、変異率が閾値である1を超すと絶滅する可能性が高くなります。

だからといって変異率を極端に下げて、多すぎる変異による弊害を避けようとしますと、今度は集団は遺伝的多様性を喪失し、進化の可能性をなくしてしまい、これもまた絶滅の危機に直面することになります。

したがって、生物は変異の閾値のわずか下のぎりぎりの変異率を保ちながら綱渡りのような生き方をしているという折衷案が提出されました。クリストファー・ラングトンはこれを〝カオスの縁(ふち)〟と表現しました。カオスはこの場合、混沌という意味です。そして〝カオスの縁〟に生物を運んでくるのは〝見えざる神の手〟だというのです。この言葉は、有名な経済学者であり哲学者のアダム・スミス（一七二三―九〇）の『国富論』からとったものです。それにしても、生物はラングトンのいうように、そんなに危うい存在なのでしょうか？

話はこれで終わりではありません。環境が急に変わった場合など、危機に直面したときは、急速な進化を必要とするはずです。変異がいつも閾値以下に低く保たれていますと、危機に対応できません。長い進化の過程で、生物は何回も絶滅の危機を乗り越えてきたはずです。そのとき、応急的に閾値を越えて高い変異率をつくり出さずして、どうして急激な環境変化に対応できるのか。生物には変異率を上下させることができ、少々高い変異率の下でも生きていける術があるのではないか。しかしもしそうなら、進化は生物にとって決して受け身のものではなく、進化速度を調節するメカニズムが生物体内に内在することになり、ダーウィン以来の偶然性が強調される進化論の流れに逆らうことになります。

現代の人類はうまく環境に適応しているように見えます。また、地球の環境も比較的安定しているように思えます。このような安定した状況下では、変異率を上げてあえて進化を急ぐ必要性はまったくありませんから、変異率は閾値よりはるかに下だろうと考えられます。

しかし、事実はまったく違います。信じられないことに、ヒトの一世代あたりに新しく追加される変異の数はゲノムあたりにして優に五〇個を超えていて、そのうちの二%強が有害変異だというのです。変異の閾値をはるかに超えて、なぜわれわれは生きていられるのでしょう?

変異がいつどこに入るかが完全にランダムであるとすれば、変異の閾値を超えることはできないはずです。生物進化にとって、変異の閾値はまさに〝くびき〟としかいいようがありません。生物はいかにして、このくびきを脱し、保守と革新をともに実現させてきたのか。この難問を解決しないと本当の意味で進化を説明したことにはならないのではないでしょうか。

第2部

不均衡進化論

第4章
奇妙にして巧妙なしくみ

ここまで見てきたように、進化を考えるということは、「変異」について考えることです。遺伝の保守性と矛盾しない、革新的な変異のあり方――それを突き止めることが、進化の謎解明の糸口になるはずです。

有性生殖では、メンデルの法則だけで、遺伝と進化の矛盾がある程度解決できるように見えました。しかし、大腸菌のような無性生殖では成り立ちません。

では、有性生殖と無性生殖の共通点は何かといえば、集団をつくること、つまり分裂（増殖）です。有性であろうと、無性であろうと、生物は遺伝子（DNA）を複製して、分裂・増殖します。この分裂、すなわちDNAの複製過程にこそ、変異の閾値を超えるしくみが、進化につながる秘密が隠されているのではないか、と考えられます。

ところが、ダーウィンからはじまり現代の進化の総合説に至る約一五〇年の進化理論の歴史のなかで、遺伝物質（DNA）の複製メカニズムが中心課題として取り上げられたことはありません。進化論の歴史において中心的役割を果たしてきた集団遺伝学（進化遺伝学）は、子供の数で適応度を表し、集団内の遺伝子頻度の推移を問題にしていますので、今日の進化論のなかでDNA複製が無視されたとしても仕方のないことでしょう。

ここからは、DNA複製の分子レベルのメカニズムに軸足を置いて、進化の議論を進めていきたいと思います。

1　岡崎フラグメントの再発見

一九五三年は世界の生物学界にとって文字どおりエポック・メイキングな年となりました。科学雑誌ネイチャーに掲載されたワトソンとクリックによる短い論文によって、DNAの二重らせんモデルと、A＝T、G≡Cの相補塩基対のルールに基づく複製様式の原理が解明されたのです。ここに分子生物学の幕は切って落とされました。

そのとき私は大学二回生でしたが、この論文を知ったのは理学部に進んでからで、論文の内容を理解したのは大学院生になってからです。なぜこの間三年ものギャップがあったのかといいますと、その当時わが国にはこの論文を正しく理解し咀嚼して講義ができる教員がいなかったからです。われわれが一番戸惑ったのは、生物に情報理論というまったく新しい概念が導入された点にありました。そして驚いたことに、遺伝情報の原理の解明には、ジョージ・ガモフに代表される理論物理学者がからんでいました。

生物のからだの基本を成すのはタンパク質です。タンパク質はアミノ酸が長く連なったもので、生体のタンパク質を構成するアミノ酸は二〇種あります。遺伝物質ＤＮＡ（デオキシリボ核酸）はＡＴＧＣという四種の塩基からできており、塩基が糸のように一列に並んでいることは予測されていました。ＡとＴの量は同じで、ＧとＣの量も同じであることまではわかっていました。しかしこれほど単純な構造の物質が、どうやって二〇種類ものアミノ酸と、複雑なタンパク質のアミノ酸配列を決定できるのか。つまり、ＤＮＡのなかにどのように遺伝情報が格納されているかに生物学者たちは頭を悩ませていました。

ガモフは、事実上、たったこれだけの情報から、ＡＴＧＣの塩基が三文字で一つのアミノ酸情報を担っていることを看破したのです。もし二文字が対応したとしますと$4^2=16$で二〇種のアミノ酸に対して四個足りません。三文字ですと$4^3=64$で四四個も余りますが、それで良しとしたのです。

この計算は見事に当たっていました。その後、余っている四四個の暗号のうち四一個は同じアミノ酸に重複して対応することが明らかになり、残りの三つはストップのサインで、この暗号がくると遺伝子の情報が止まります。この直観の裏には、〝自然は単純で美しい〟という理論物理学者の信念がうかがえます。あるアミノ酸には二個の塩基が、また別のアミノ酸には三個の塩基が対応しているというふうには決して考えなかったのです。いわんやＤＮＡが枝分かれしているなどとは一瞬といえども彼らの頭をよぎらなかったはずです。このへんが、とかく物事を複雑に考えたがるわれわれ生物屋と決定的に違う点です。

さらに私が驚いたのは、ワトソンとクリックがＤＮＡの分子構造を解明するのに、金属板と太い針金で手のひら大の四種類のヌクレオチド（塩基と糖とリン酸の結合したＤＮＡを構成するユニット）の模型をたくさん準備して、実際に組み立て細工をしていたことです。友人のガードン（クローンガエルの成功者）と散歩の途中で、彼らがその組み立て作業をしたという、ケンブリッジ大学キャベンディッシュ物理学研究所の薄暗い裏庭にある実験室に立ち寄りました。自転車置き場のような平屋の掘立小屋で（私が行ったときは物置小屋として使われていました）、とても高価な測定機など置けるような場所ではなかったことに、妙に納得しました。二人とも目を合わせただけで、無言でそこを立ち去りました。

ＤＮＡ二重らせん構造の発見から、遺伝コードや複製機構の解明へと、目まぐるしいほど次々に成果がもたらされることに、遺伝子の実体なんて生きている間にわかるわけないですよ、と高をくくっていた私は強いカルチャーショックを受けました。事実、しばらくＤＮＡにかかわる研究に入らなかったのもあまりに衝撃が大きかったからです。

とにかく分子生物学を理解するには学生が自分で勉強するしかなく、自発的に輪読会を開いて何とかついていくことができました。そして私なりに、ＤＮＡの複製と遺伝の機構はこれで完全に決着がついたと思っていました。

当初私は、ＤＮＡを構成している二本の鎖が逆平行になっていることはあまり気にしていませんでした。逆平行というのは、ＤＮＡ鎖の合成は複製酵素の特異性のために一方向にしか進めなくて、ＤＮＡをつくっている二本の鎖は合成の方向が逆方向に向き合っているという意味です。ちょうどお箸の片方を逆さまにしてそろえたようなものです。複製するときは二重鎖のＤＮＡの

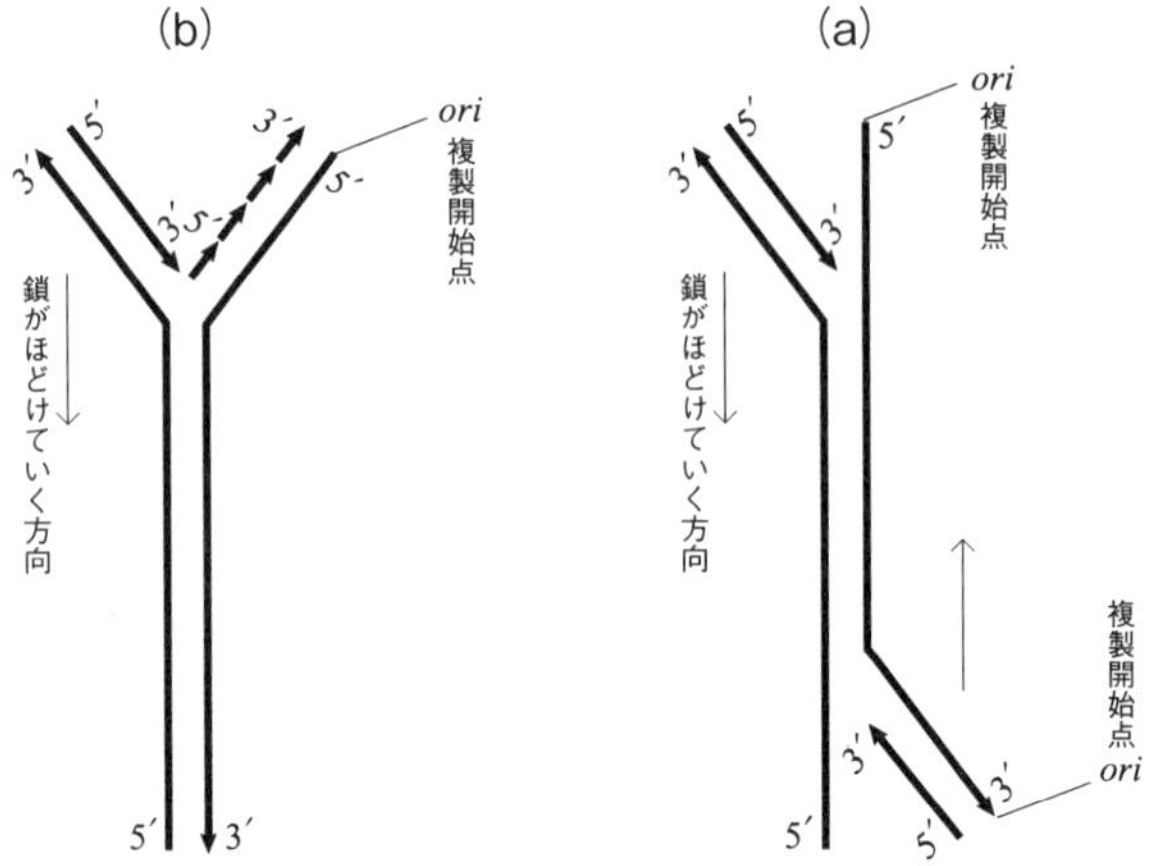

図 4-1　DNA 複製の二つの方法

ひもの両端がほどけて、それぞれの一本鎖を鋳型にして同時に両端からお互いに逆に向けて複製するものと勝手に想像していました（図４－１ａ）。

ところがこの考えは一九六七年に名古屋大学の岡崎令治らによって見事に打ち破られました。岡崎によりますと、ひも状の二重鎖ＤＮＡ分子のある特定の複製開始点から二重鎖がほどけはじめ、それぞれの裸の鎖を鋳型にして、二本鎖ＤＮＡを二本同時に合成していくというのです。

そうしますと、親の二本鎖がほどけていく方向と、新しい鎖が合成される方向が一致している側は、問題なく連続して新生鎖の合成反応が進みます（連続鎖）。ところが、もう一方の鎖の合成の進む方向は、親ＤＮＡがほどけていく方向と逆になり、齟齬が生じます。これを解決するには、ほどけて一本鎖になった部分を逆向きに合成し、短い鎖を少しずつつくりながら進み、後でつなぎ合わせるより方法がありません（不連続鎖）。のちに、この短い鎖は発見者の名をとって岡崎フラグメントと呼ばれるようになりました（図４－１ｂ）。

　この非対称なＤＮＡ複製様式の発見は、まさにわが国が誇る画期的な研究でしたので、分子生物学の総説や教科書に、図４－１ｂのような絵が必ず描かれていました。私もはじめは、まあそんなものかぐらいに軽く思っていました。しばらくして、奇妙な絵だな、なんだか少し変だな、どうして生物はこんなややこしいことをするのだろう、と妙に頭にひっかかるようになりました。

　だいたい、気になる現象には大切な真理が隠されていることがよくあります。少なくとも気になるということは、そのときどきの常識や知識では説明できない何かがあるからです。当時の私の研究テーマは脊椎動物の性の分化でしたので、特に岡崎フラグメントの意味を真剣に考えていたわけではありませんが、常に気にかけてはいました。このような状態が約二〇年間も続きました。しかしこの間も、私が知る限りでは、岡崎フラグメントの生物学的意義について論じた報告は出てきませんでした。

　忘れもしません、一九八八年十月二十七日のことです。場所は大阪バイオサイエンス研究所の設立一周年記念の講演会場でした。私は大阪市立大学から東京にある第一製薬（現第一三共）の研究所に移って間もない頃でした。わざわざ大阪まで出かけて式典に出席するのが億劫で、あまり気乗りしなかったのですが、上司の同行もあり、家族を西宮に残して単身赴任をしていたこともあって出席することにしました。

　招待講演者は、ＤＮＡ複製酵素（ポリメラーゼ）を発見し、ＤＮＡの複製機構を明らかにしたことでノーベル賞を受賞した米国のアーサー・コーンバーグでした。講演はよく知っている内容でしたので聞き流していました。講演のまとめのところで、DNA複製と複製酵素の関係を示すきれいなカラースライドが映し出されました。もちろん、岡崎フラグメントもしっかりと描かれています。それを見たとたん、ピンときました。「あ、そうだ！　ごちゃごちゃしている方の不連続鎖は、スムースに合成が進む連続鎖にくらべてエラーが多いはずだ！」という発想が頭をよぎりました。もしそうなら、進化に大きな影響があるかも知れないと、その先まで想像を巡らしたのはほとんど同時でした。

居ても立ってもおられず、講演を終えてロビーへ向かうコーンバーグを会場内でつかまえて、自己紹介もそこそこに、あの図は本当ですか？　と不躾な質問をしました。少し驚かれた様子でしたが、生体のなかで、本当に図のようになっているかどうかは保証できないが、大まかな構造は合っていると思う、という意味の答えが返ってきました。私は矢継ぎ早に、もし変異が不連続鎖に偏って不均衡に入るなら、進化に大きな影響を与えるのでは？　と質問しましたところ、自分は変異も進化も専門でないので、と変異の研究者の名前を何人か挙げ、論文の原稿ができたらぜひ私にも送ってくださいといわれました（その後、もちろん論文の原稿を一番にお送りしましたが、すぐに、やはり私には理解できないので専門の雑誌に送ってください、時間がもったいないので急いだ方がいいですよ、といった趣旨の丁寧なファックスをいただきました）。

その日は西宮の自宅に帰る時間も惜しくて、大阪の友人で大学時代の物理学科の同僚のお宅にお邪魔しました。電気こたつ付きのちゃぶ台をお借りし、アルコールをお断りして、早速DNAの家系図を手書きしました。変異がもっぱら不連続鎖に偏って入ったときの変異の子孫における分布の様子を確かめ、これはいける！　と胸の高鳴りを覚えました。図を書いている間に、進化は加速できるかもしれないということに気が付きました。結局、その夜は友人宅に泊まりました。

実をいいますと、このとき発想したコンセプトは今でも基本的には正しくて、しかも今でも実質的には少しも進歩していないような気がしています。また、そのとき出てきた問題点で解決されずにそのまま残っているものもあります。

岡崎フラグメントの発見からコーンバーグの講演を聴くまで実に二十余年、しかも進化をずっと考え続けていたのに、それまでどうして気づかなかったのだろう？　生来のものぐさのせいかもしれませんが、多分、上司の同席とビッグネームの講演という特殊な環境がそうさせたのだと自分で納得しています。

不連続鎖の発見者である岡崎氏は一九七五年、米国旅行中にわずか四十四歳でこの世を去っておられます。広島での被爆が原因の慢性骨髄性白血病だったとお聞きしています。ご存命でしたら真っ先にご議論いただきたかったのですが本当に残念です。しかし幸いに、不連続鎖発見当時の研究室での討論の一部を知る機会がありました。

一九九二年初夏、渡辺格（いたる）が主宰する「ＤＮＡ研究会」に呼ばれて不均衡進化理論の話をしたときのことです。講演が終わったところで演台から質問をしました。「渡辺先生は岡崎さんが不連続鎖を発見されたとき、その場に居合わされておられたと思いますが、不連続鎖の生物学的意味に関してどのような議論があったのでしょうか？」私のこの質問に対して、「そうだな、数日間にわたって集中して議論をしたが、結局は、生物というものは連続鎖で合成した方のＤＮＡを使って生きていて、不連続鎖の方のＤＮＡは使わない。つまりダミーだ、という結論だったな」というお答えでした。私はだまっていましたが、しばらく間を置いてから、「そうか、古澤君は、連続鎖の方で遺伝を担保しておいて、エラーの多い不連続鎖の方で冒険をして進化に備えるといいたいんだね。なんで気が付かなかったのだろう。僕らは馬鹿だったなあ」といわれました。私は間髪をいれずに、先生それは無理ですよ。岡崎フラグメントという理解に苦しむものが発見された興奮状態のなかで、進化のことまで頭を巡らすことができる人がいたら、本当の天才ですよ、といったような意味のことを話したことを覚えています。

岡崎フラグメントを私が再発見したとき受けた衝撃と興奮、その意味を詳しく見ていきましょう。

2　二つの複製方法とその意味

ワトソンとクリックが発見したＤＮＡ分子の構造とその複製の原理は、遺伝のメカニズムとして実に合理的でしたが、複製の仕方に連続鎖方式と不連続鎖方式の二通りがあるという新しい問題が出てきました。不連続鎖は、どう考えても二度手間で不合理ですが、岡崎がこのＤＮＡ複製の非対称性を発見して以来、その生物学的意義についてはほとんど注目されてきませんでした。この問題は不均衡進化理論の原点となる現象ですから、ここであらためてＤＮＡ複製過程を少し詳しく見ていくことにします。

ワトソンとクリックが発見したＤＮＡの複製様式を別名、半保存的複製といいます。図４－２

にDNAの二つの可能な複製方法とその家系図を示しました。

図4－2aを見てください。一番上に描かれた第0世代目のDNAは、二本の鎖を太く書いて他のDNAの鎖と区別しています。大元の鎖であるという意味です。矢印の方向は鎖の合成の方向を示していて、前項で述べましたように、DNAの二本の鎖が合成されるとき、伸びていく方向はお互いに逆向きになります。図は第2世代目までの家系図を表しています。

まず、第0世代のDNAが複製（分裂）して二匹の第1世代の子DNAができます。このとき、親DNAの二本の太い鎖がほぐれて、そっくりそのままそれぞれの子供のDNAに使われているのがおわかりでしょう。左のDNAの新生鎖（細い線）の合成は上の方から下の方に向かって進んでいますが、右のDNAの新生鎖はまったく逆向きになっています。この二本の新生鎖はそれぞれ親からきた太い鎖を鋳型にして合成されますから、その合成方向は太い鎖のそれと真逆でなければなりません。

次に、第1世代の二匹のDNAが複製して第2世代の四匹の子供になります。ここで太い線で描かれたDNA鎖だけに注目してください。一見してわかりますように、左右の端にある二匹のDNAだけが一本ずつ太い鎖を持っています。この鎖は大元の親DNAが使っていたものとまったく同じ分子がそのまま受け継がれています。この状況は何世代経過しても変わらないことは直観的にご理解いただけると思います。たとえば、この家系図を延長した10世代後の2^{10}＝1024匹の子供DNAの両端に位置する二つのDNAの外側の二本の鎖は、大元である第0世代のDNAが持っていた太い鎖を連綿と受け継いでいるはずです。

こうして見ますと、DNAとはなかなか不思議で奥深いものです。もしかすると、何十億年前の先祖の生物が使っていたDNA分子が、あなたのゲノムのなかにそのままそっくり受け継がれている可能性があるかもしれません。まさか、現実にはそのようなことはないとは思いますが。

このように、DNAが複製するときは、必ず自分の鎖の片側をそっくりそのまま子供に渡し、対応する逆方向の鎖は新しく合成するようになっています。これが半保存的複製の特徴です。英語では半保守的複製（Semi-conservative replication）といいます。

再びお箸を例にします。お母さんの使っている古いお箸（前述の、一方を逆さにそろえて使うお箸）を二人の子供に形見分けする場合を想像してください。一人の子供に一膳のお箸をそのまま譲りますと不公平になりますから、一本ずつを二人の子供に与え、対になる方のお箸はそれぞれ新しくつくってあげます。こうすれば、真に公平に形見分けができるというわけです。

さて、図4－2aの絵は、DNAの両端から複製が始まるように描いてあります。新生鎖の合成開始点には丸（○）を付けてあります。○が上に付いたり下に付いたりしていますが、このように鋳型になる鎖の矢印の方向とちょうど逆向きに合成が進めば、新生鎖の合成はすべて、何の問題もなく連続的におこなわれるはずです（連続鎖）。

もし、すべての新生鎖が連続鎖として合成されるのならば、ことは簡単です。合成装置も単純なもので済むでしょうし、エネルギーも少なくて済みます。ところが意外や意外、生物はこの方式を採っていないのです。なぜ生物はこの簡単な方式を採用しなかったのでしょうか？

前節で言及したように、実際には、一つの特定の複製開始点から一方向へ複製が進みます。そ

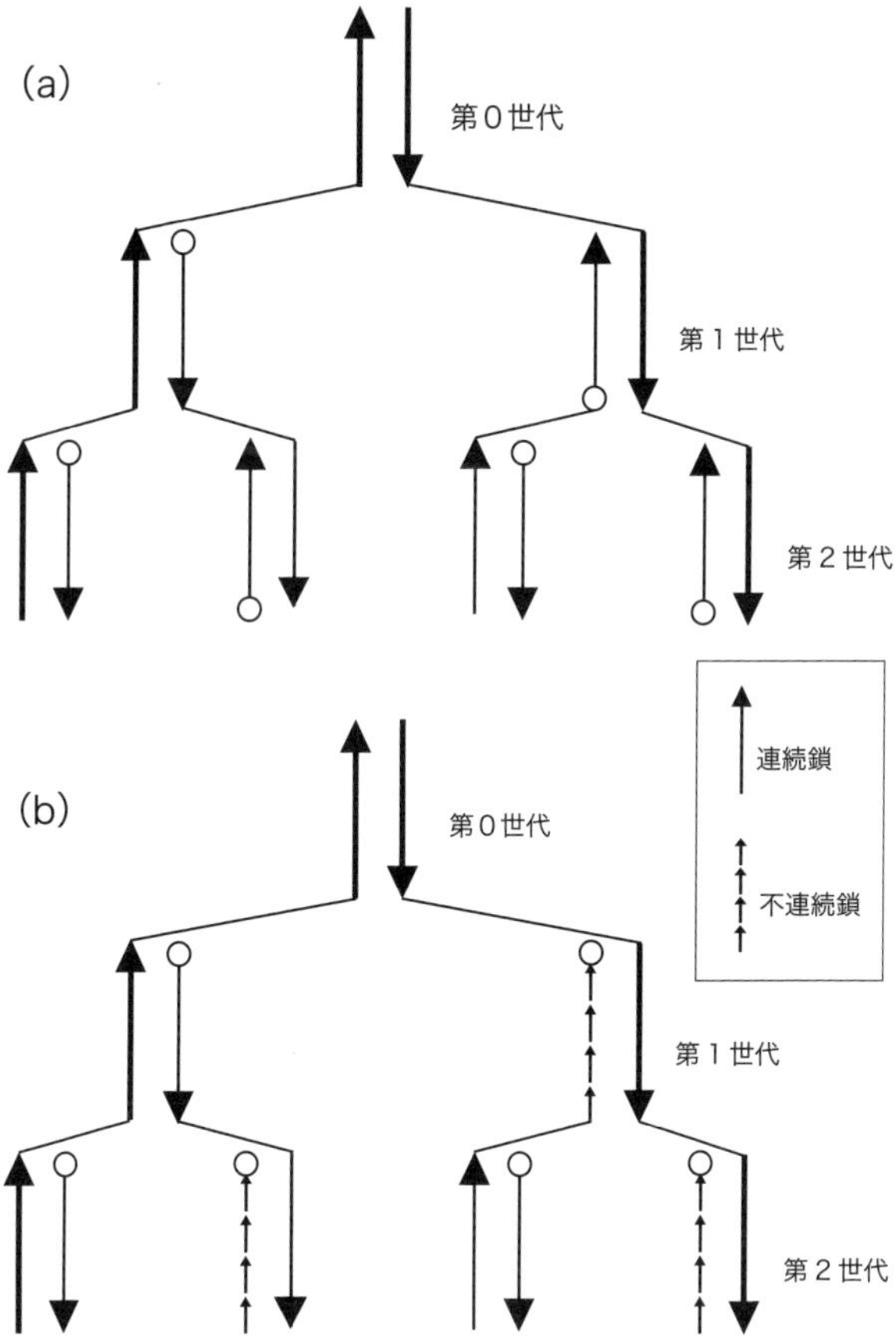

図 4-2　DNA の二つの複製方法とその家系図

の様子が図４－２bです。複製開始点はＤＮＡの上端にあります。新生鎖の合成開始点である○印は、全部ＤＮＡの上端に位置しています。

さて、図４－２bの第１世代の二匹のＤＮＡをご覧ください。二匹の子ＤＮＡがそれぞれ親の太い鎖を一本ずつもっていることは図４－２aとまったく同じです。左のＤＮＡは図４－２aのそれと同じで、新生鎖は連続鎖で合成されます。しかし右側のＤＮＡはそうはいきません。○が付いているところから下に向かって新生鎖を伸ばしていきたいところですが、いかんせん、合成の方向が鋳型鎖の矢印の方向と同じになり、複製酵素の特異性のために下方へは鎖を延ばすことはできないのです。そこで、短い岡崎フラグメントを上向き（太い鋳型鎖と逆方向）に合成して、後でつなぎ合わせる以外に方法がありません。いわゆる、不連続鎖合成です。図４－２bでは上向きの小さな矢印で岡崎フラグメントを表しています。この複製のパターンは家系が途切れない限り延々と続きます。いうまでもありませんが、ＤＮＡの一方の鎖をつくっている分子がそのまま子供のＤＮＡに譲り渡されるのは図４－２aのモデルとまったく同じです。

このようにして、ＤＮＡは半保存的に複製しながら、遺伝情報を確実に子孫に伝えていきます。Ａ＝Ｔ、Ｇ≡Ｃという塩基の対合さえ間違えなければ、連続鎖・不連続鎖とは無関係に、遺伝情報は正確に子孫に伝えられます。

今日の時点で、大方の同意が得られているＤＮＡ複製装置のうち、ＤＮＡポリメラーゼを中心にした模式図を図４－３に示しておきました。要点を箇条書きにしますと以下のようになります。

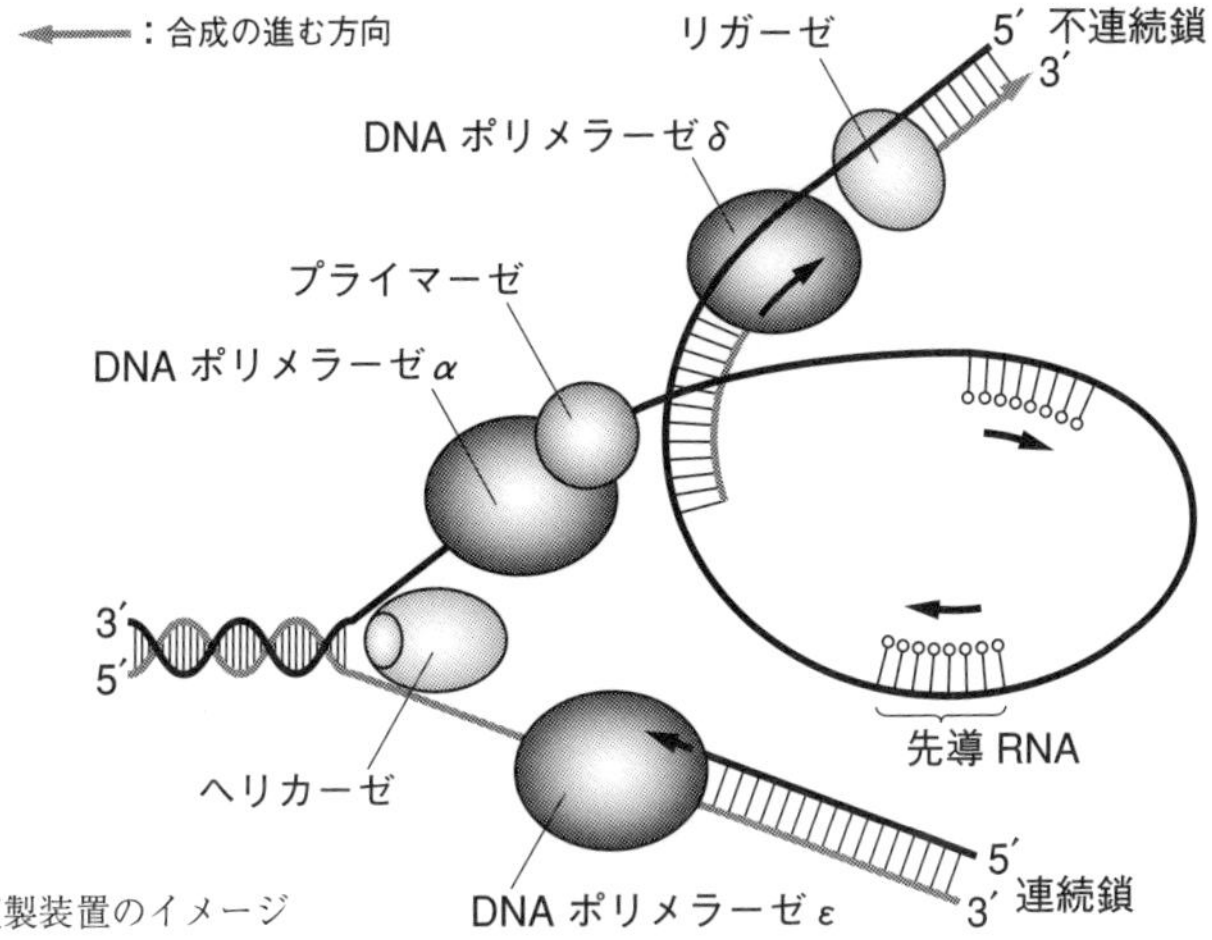

図 4-3　DNA 複製装置のイメージ

①ヘリカーゼがらせん状に巻いている二本鎖DNAをほどきながら回転前進し、一本鎖DNAを露出させていく。

②プライマーゼとポリメラーゼ・アルファ（α）がほぐれた一本鎖DNAにくっつき、そのDNAを鋳型にして短い先導RNAとDNA（図では省略）を合成する。

③連続鎖合成の場合には、DNAポリメラーゼ・イプシロン（ε）が先導RNAの後ろに長い連続したDNAを合成していく。

④不連続鎖合成の場合には、先導RNAの次にDNAポリメラーゼ・デルタ（δ）が、ある間隔を置いて、複数の短いDNAフラグメントを順次合成していく（岡崎フラグメントの合成）。

⑤岡崎フラグメントの先導RNAを取り除き、DNAに置き換え、最後にリガーゼがDNA断片をくっつけて複製が完了する。

このように、不連続鎖合成という厄介な工程があるために、DNA複製過程が複雑なものになっています。不連続鎖合成は、連続鎖合成にくらべてかなり多くの種類の酵素を必要とします。それに応じて、多くの種類の遺伝子が必要となり、生物にとってはかなりの負担になります。細菌に寄生するプラスミドやミトコンドリア、葉緑体といった細胞内小器官のDNA複製にも、連続鎖／不連続鎖を使った非対称性の複製様式が使われています。おそらく、DNA型生物が地球上に現れたごく初期の時代から受け継がれた伝統ある様式なのでしょう。

現在地球上に見られる生物は例外なく図4－2bに示しました連続鎖／不連続鎖・併用複製様式を採用しているという事実から、生物にとって何か重大なメリットがあったと考えるのはごく自然です。この謎ときが、不均衡進化論の基本的コンセプトにつながります。

3　進化の原動力――元本保証と多様性の創出

コーンバーグが講演で使用したDNA複製機構のスライドを見て、私が最初に思ったのは、不連続鎖合成は連続鎖のそれにくらべて複雑なシステムが使われているので、間違い（エラー）を犯しやすいのではないか、DNAの変異はこの不連続鎖に偏って、不均衡に入るのではないかという点です。つまり、純粋に機械論的にみて、同じ目的のためにつくられた機械であれば、複雑な方が故障しやすいというふうに単純に考えました。そのイメージを図4－4に描いてみました。DNA合成を、高速道路を走る自動車にたとえてあります。連続鎖の方は高級車ロールスロイスでゆっくりと停止することなく進み続けます。一方、不連続鎖の方は、トラクターが最初はバ

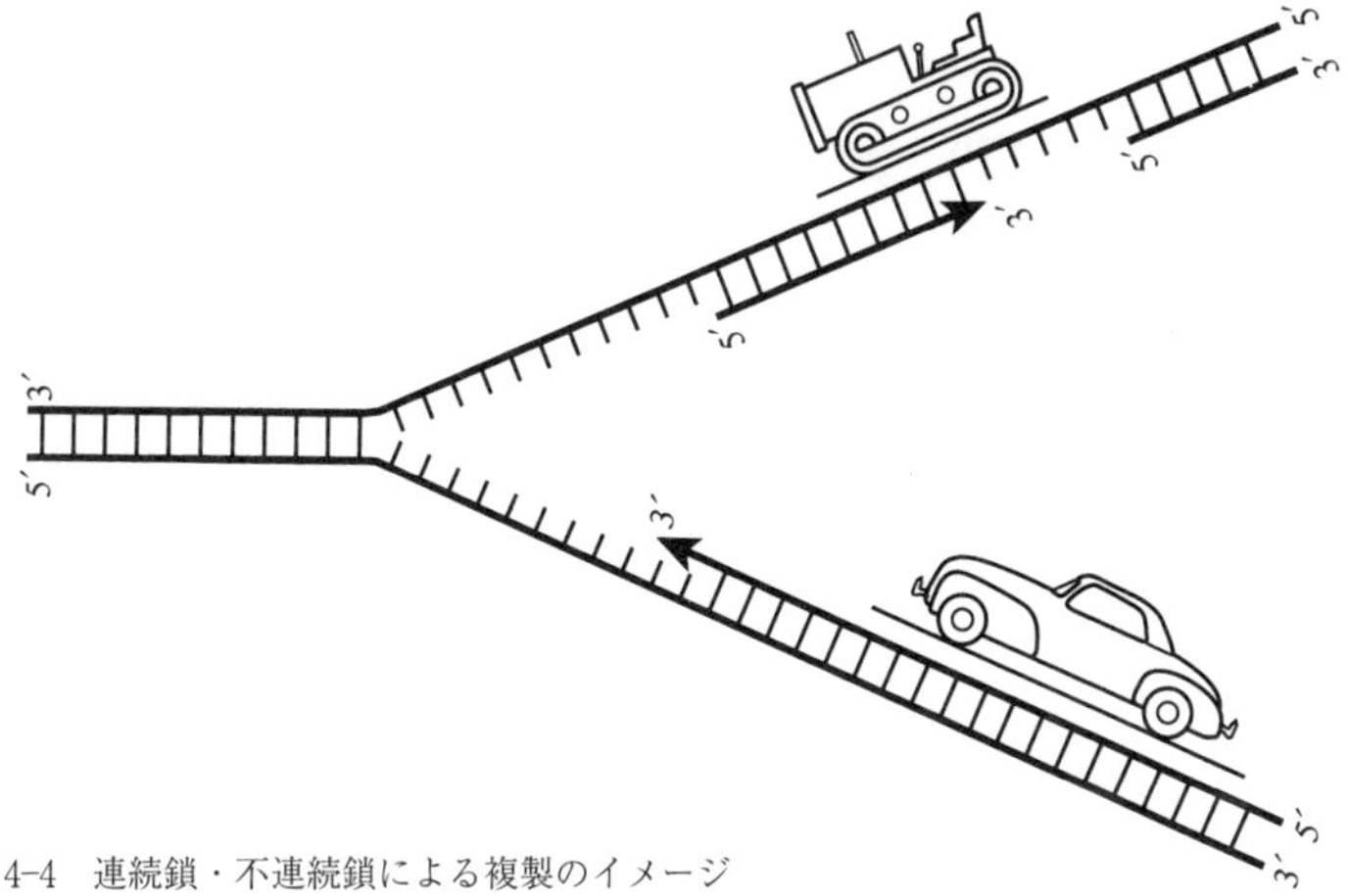

図 4-4　連続鎖・不連続鎖による複製のイメージ

ックしながら進行方向と逆向きに進み、ときどき道路の継ぎ目を修理しながら、全体としては前方へとゆっくりと進んでいきます。両方の車の前方へ移動する速さは同じですから、どちらが故障を起こしやすいかは一目瞭然です。

これは単なるイメージを絵にしただけですから、これ以上の詮索はあまり意味はありません。このイメージ図にはいろいろな意見がありますが、少なくとも、カンブリア爆発の再発見者であるコンウェイ・モリスの心を捉えたのはたしかです。また、ノンフィクションライターである最相葉月も、著書『いのち――生命科学に言葉はあるか』に採用しておられます。欧米での発表ではこの絵は受けがいいようです。

さて、自己複製は遺伝を担保すると同時に、進化の謎ときの鍵を秘めているかもしれないことを指摘してきました。自己複製と遺伝の因果関係は、DNAの相補的な分子構造とその半保存的な複製の仕方から容易に推測されるところです。では進化との関係はどうでしょうか。

進化の問題はやはり世代の経過と関係しますから、図４－２ｂで使いました家系図をもう一世代延長して、第３世代までを考えることにします。さらに、今回は変異を考慮した家系図をつくることにします（図４－５）。

変異を細い横棒で表し、その横に付してある小さい数字は一塩基置換の変異の入った位置を示しています。数字には特に意味はありませんが、同じ家系図のなかで、同じ数字が付いている変異はまったく同じ変異が遺伝したことを示しています。

図４－５ａの家系図では、一回の分裂で生じる二つの子ＤＮＡに、連続鎖・不連続鎖には無関係に、変異が一つずつ均等に入る場合を表しています。一度入った変異は子孫のＤＮＡに確実に受け継がれています。第３世代の八匹の子供にはそれぞれ三個ずつ変異が入っていますが、八つの個体の遺伝子型はバラバラで、一つとして同じものはありません。実はここに表した様式が、伝統的な進化論が考えているランダムな変異の入り方を端的に表現しています。

ここでは二つのことを指摘しておきます。一つは、大元のＤＮＡが分裂して二匹のＤＮＡになると、大元の遺伝子型を持った子供は即座にいなくなるということです。当然、三世代目の八匹の子ＤＮＡはすべて、先祖のＤＮＡとは遺伝子型を異にしています。二つ目の点は、この方式で変異が入り続けるとしますと、多様性の創出は十分に保証されているということです。それは、三世代目のＤＮＡがすべて違った遺伝子型を持っていることを見れば明らかです。この事実は進化の候補者が多種類準備されるという点で進化にとってプラスになります。

(a) 均衡変異モデル

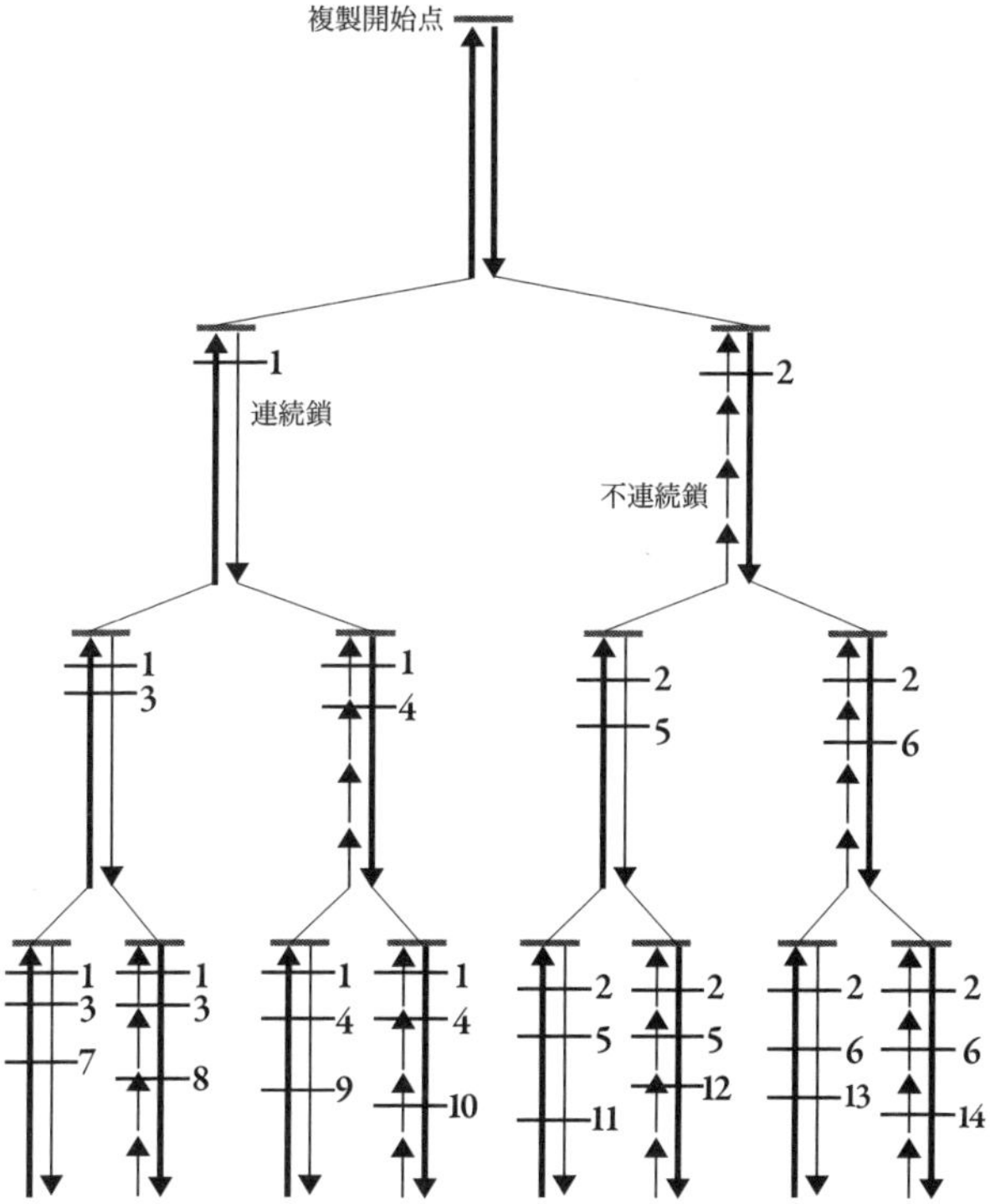

図 4-5 a　変異を考慮した DNA の家系図

しかし逆に、もし環境が親の遺伝子型にとって最適であるとしたら、変異が入った子DNAは全員が最適からは外れ、世代を重ねるごとに環境に合わなくなり、結果、絶滅してしまう可能性もあります。つまり、変異の閾値に引っかかってしまうというわけです。

次に図4－5bを見ていただきましょう。この図のDNAの複製様式は前の図とまったく同じですが、変異の入り方を変えてあります。すなわち、変異はもっぱら不連続鎖で合成された側だけに入るよう描かれています。図4－5aと変異率をそろえるために、DNAの複製のたびに一度に二個の変異が不連続鎖に入るようにしてあります。一見してわかるように、変異の分布がずい分違っています。その特徴を列記しますと以下のようになります。

①親のDNAが複製して生じた二匹の子DNAのうち、左側に描かれている連続鎖で合成されたDNAは親とまったく同じ遺伝子型を受け継いでいる。

②これに対して、右側に描かれている不連続鎖で合成された子DNAは親の遺伝子型の上に新しい変異が二つ加わっている。

③図の最も左側に位置するDNAの系列は、世代を重ねても大元の親DNAとまったく同じ遺伝子型である。この関係はすべての分岐の系列で同じである。たとえば、第1世代の変異1と2を持った右側のDNAでは、その子孫に当たる左側の系列のDNAはすべて同じ遺伝子型（変異1と2）を受け継いでいる。

④過去に一度現れた遺伝子型がすべての世代で存在する。たとえば、第3世代に現れた八種の遺

(b) 不均衡変異モデル

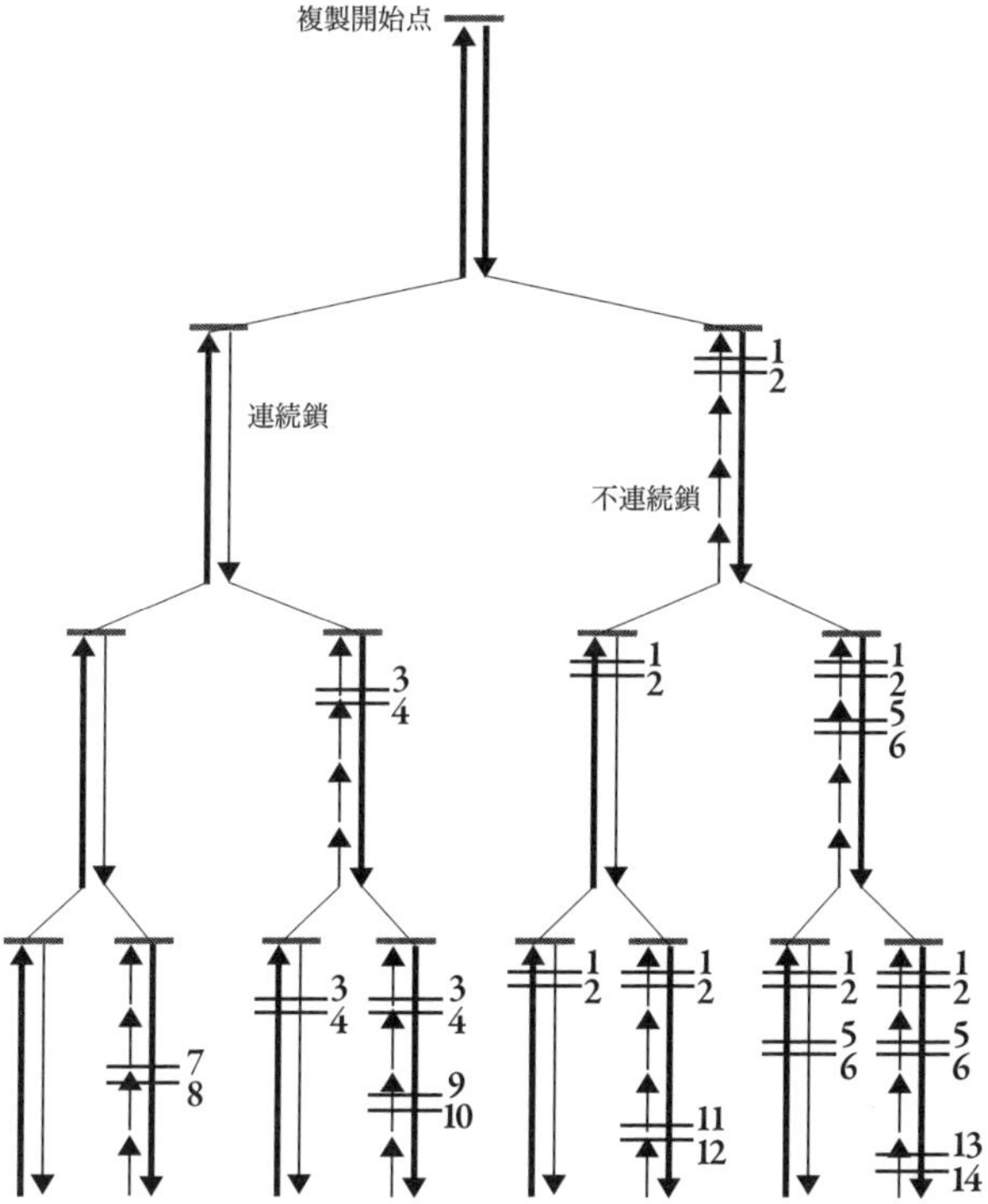

図 4-5 b　変異を考慮した DNA の家系図

伝子型は過去に現れた四種のすべての遺伝子型を含んでいて、かつ重複がない。

⑤第3世代の八匹の子供に配分されている変異の総和は二四個で、この数は図4－5aのそれと同じである。

以上挙げた五つの特徴は、進化の観点から見ますときわめて重要な内容を含んでいます。

第一に、世代をいくら重ねても遺伝子型の元本は保証されていて、しかも多様性の創出が実現されていることです。元本さえ保証されていれば、多様性をどんどん拡大しても、集団としては消滅する危惧はほとんどなくなります。この「元本保証された多様性の創出」こそが、不均衡進化理論の唯一にして最大のコンセプトであるといっても過言ではありません。

第二に、DNAが複製するとき、いくら変異率を上げても理論的には集団の消滅が避けられるという点です。たとえば、図4－5bでは一回の複製のたびに二個の変異を入れていますが、これを二〇個の変異に置き換えてもこの家系図は成り立ちます。この特性は第一の特性から導き出されるもので、変異がランダムに起こると仮定したときの、〝くびき〟となってわれわれを苦しめていた、あの忌まわしい〝変異の閾値〟の問題を見事に取っ払ってくれています。この文脈が正しいとしますと、ラングトンがいった、〝見えざる神の手〟が生物を〝カオスの縁〟に運んでくるという表現はランダムに、かつ均等に変異が入ると仮定したことに由来する間違った結論であるということになります。

第三に、上記二点から、生物というものは、必要に応じて変異率を上下させて進化の速度を調

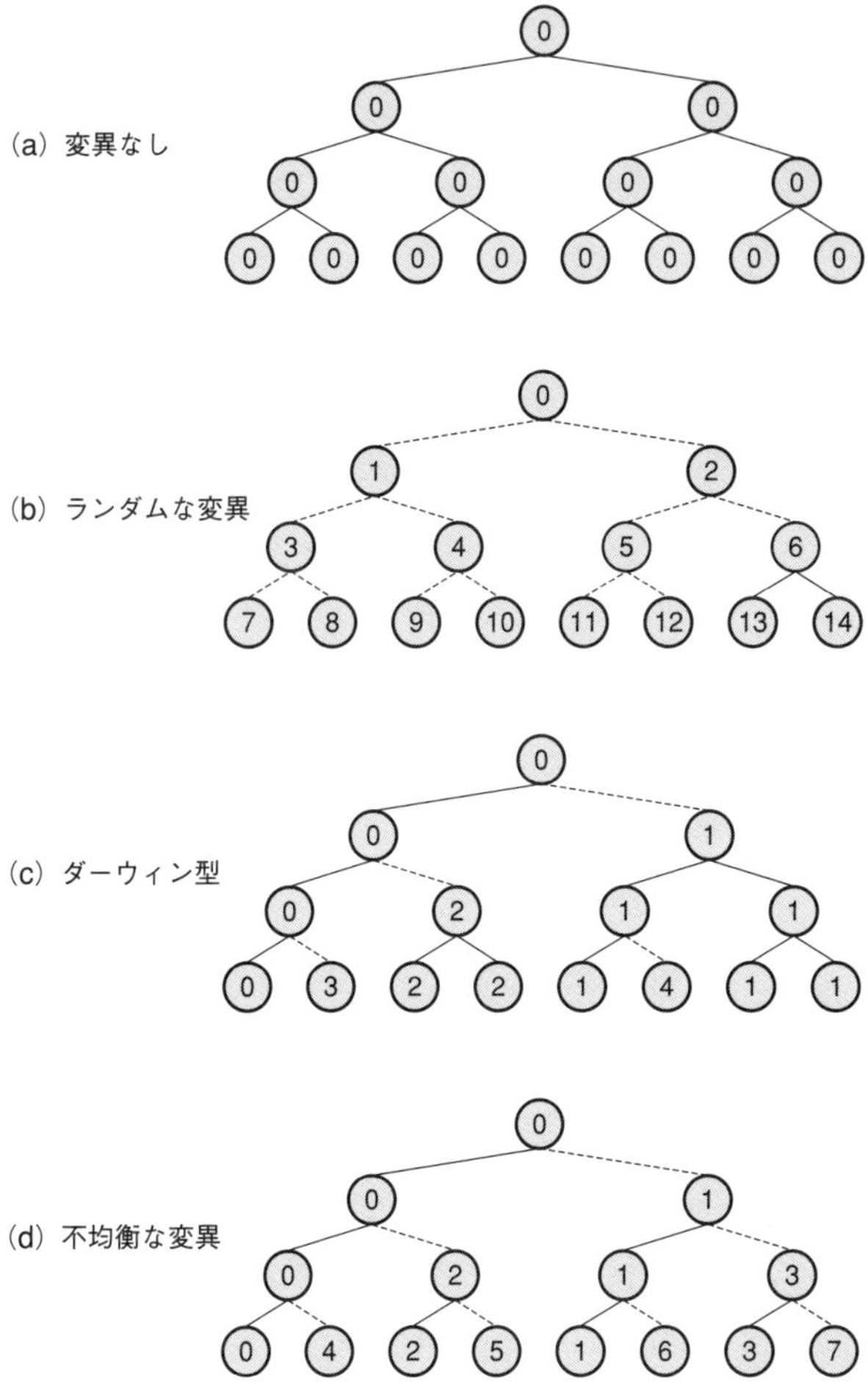

図 4-6　自己複製と変異の入り方
第 0 世代の形質 (0) から、自己複製の際に変異が入ると数字が変わる。また、複製の際に変異が入らない場合は世代間を結ぶ線を実線で、変異が入る場合は破線で示している。

節し、変異の閾値の壁を乗り越えて行ったり来たりできる、したたかな存在なのではないかと考えられるのです。

理解しやすいように、自己複製と変異の入り方と進化の三者の関係を図4－6にまとめてみました。丸い形で表したものは、自己複製するものであればDNAでも細胞でも個体でもかまいません。数字は変異型（あるいは表現型）を表し、数字が違えば異なる変異型を表しますが、数字自体には特別意味はありません。丸と丸を結ぶ破線は複製のとき変異が入ったことを、実線は変異が入らなかったことを意味します。

まず、（a）をご覧ください。この家系図では三世代までまったく変異は入っていませんから、元本は完全に保証されています。しかし、多様性はゼロですから、このままの状態が続けば環境の変化に適応できずに死に絶えて、進化の望みはまったくありません。

これに反して、（b）では変異はランダムに起こり、かつ複製ごとに確実に変異が入りますから、すべての個体の遺伝子型は一つとして同じものはありません。多様性は確実に創出されますが、この中に環境に偶然適応するものがない限り集団はすぐに消滅します。たとえ偶然に環境に適応する個体がいたとしても、次の世代では変異が入ってしまって異なった遺伝子型になりますから、適応できなくなって死滅する可能性が非常に高いことになります。これが、いわゆる変異の閾値を超えた状態です。

（c）はダーウィン進化を表しています。変異はランダムで、元本（たとえば遺伝子型0の個体）は常に保証されています。しかし、実際の生物では変異率はもっと低いので、進化は緩やかにしか進行せず、とてもカンブリア爆発などは期待できそうにありません。

さて、（d）は元本が保証されている不均衡変異モデルで、かなり高い変異率を想定しています。ご覧のように、過去に現れたすべての遺伝子型はすべての世代でその存在が担保されています。環境が長期間変わらなければ、いつも存在が担保されている遺伝子型で対応し、環境が急変したら、今までため込んでいた変異体が対応すればいいということになります。新しい環境が不安定ならば、変異率を上げて、適応する変異体の出現する確率を上げていけばよいわけです。言うなれば、〝不敗の戦略〟です。しかし、変異率を異常に上げすぎますと、元本は保証されても、変異体の方は変異過多となって自殺に追いやられてしまうでしょう。〝自己複製すれども個体数は増えず〟、という妙な状況に陥ってしまいます。

不均衡変異モデルをもう少し一般化して考えてみますと、図4－6dに示すような変異体の分布パターンを創り出すことさえできれば、別に連続鎖／不連続鎖様式にこだわる必要はなく、自己複製のメカニズムは何であってもいいわけです。この例は個体発生のところであらためて説明します。

進化をどのように捉えるかは進化論を打ち立てる上で最も大切なポイントです。

従来の進化論では往々にして、進化を〝変化すること〟に重点をおいて捉えがちでした。たしかに進化には集団内に多様な変異が必要です。しかし従来の考え方では変異の閾値を超えられないために、思うようには多様性を拡大できないという矛盾にぶつかってしまいました。

不均衡変異モデルならば、元本が保証されているので変異の閾値を超えて多様性が拡大できます。その点を大阪大学の八木健氏と議論しているときに、八木氏が、このモデルはむしろ〝守ること〟のほうに重点があるのでは、と指摘され、はっとしました。

氏の指摘は、過去に登場したすべての変異（遺伝子型）がすべての世代で基本的に担保されることの重要性に着目したものです。変異の閾値を超えて多様性を拡大することよりも、複製の際に生じた、たとえ一塩基の置換でも、それをおろそかにせず確実に保護しておく分子メカニズムが、変異の創出と同じくらい大切であるということです。

むろん、多くの変わり者を創出することが進化の必須条件であることに変わりはありません。不均衡進化理論は、その創出された変わり者を保護するメカニズムを併せもつ点が大きな特徴です。すなわち、進化にとってはむしろ〝守ること〟に最大の意義があることを教えてくれています。

不均衡というコンセプトがどのくらい有効で強力なのか、ダーウィニズムや今日主流の進化論と比較したとき、どのような利点があるのか、実際の生物モデルに適用すると何が見えてくるのか、次章からさらに検討していきましょう。

第5章
不均衡モデルと均衡モデル

1　変異の不均衡分布という戦略

前章で、ＤＮＡが複製するとき生まれてくる二匹の子ＤＮＡに均等にバランスよく変異が分配されるより、どちらかの子ＤＮＡに偏って変異が入る方が進化にとって好都合であることを、いくつかの理由を挙げて説明しました。この章では、ＤＮＡ複製に伴って入る変異の集団内における分布の問題について考え、なかでも多様性の創出に注目していきたいと思います。

ＤＮＡ複製は連続鎖／不連続鎖様式でおこなわれます。このとき、連続鎖・不連続鎖に関係なく変異が平均して一様に入る場合（均衡変異）と、不連続鎖の方に偏って入る場合（不均衡変異）とで、創出される多様性に違いはあるのでしょうか？　もしあるとすればどのような差があるのでしょう。

仮に複製のたびに個体あたり平均一個の変異がランダムに入るとしましょう（均衡変異）。変異が入るかどうかは確率的なゆらぎで個体ごとにちがいますから、多様性は十分に創出できます。しかし、世代を重ねていくうちにすべての個体が一様に変異を加算的にため込むことになり、野生型はすぐにいなくなるだろうと想像できます。やがて変異の過多が原因で集団は消滅してしまうでしょう。その一番大きな理由は、変異のうち数パーセントは何らかの意味で有害だからです。

この均衡変異方式でも、変異率が閾値以下、たとえば一回の複製あたり平均〇・五個であれば、おおよそ半数の個体には変異が入らないことになり、野生型が担保され、集団は生き残ることができます。反面、多様性の創出の効率は低くなるというデメリットを背負うことになり、結果として進化はゆっくりとしたスピードで進行することになります。これがダーウィニズムの基本的な世界です。くり返しになりますが、均衡変異の世界では変異の閾値という〝くびき〟から逃れることはできません。

次に、複製のたびに変異がいつもアンバランスに入る不均衡変異方式を考えてみましょう。前章で見たように、どれだけ世代を重ねても、野生型はいつも担保されていますから、環境が変わらなければこの野生型が子孫を残し、もし環境が変われば変異体のどれかが適応して、新しい野生型として子孫を残していくでしょう。したがって、この集団は消滅の危惧はほとんどありません。つまり不均衡変異ならば、変異率を上げても集団の消滅は避けられるので、変異の閾値もクリアーでき、多様性はさらに拡大されると推察できます。

このような不均衡な変異の分布パターンをつくり出すことさえできればその手段は問いません。その手段の一つが、ＤＮＡの連続鎖／不連続鎖を使った不均衡変異を伴う複製様式です。

ではこのちがいを、図4－5と同じモデルDNAを使ったシミュレーションでくらべてみましょう。できるだけ自然の状態に近づけるため、二項分布を使って確率的に変異を入れます。変異率も図4－5と同じように複製して生まれてくる二匹の子供DNAに平均して合計二個としました。このシミュレーションは共同研究者の土居洋文によってなされたものです。

一匹の大元のDNAからスタートして、一〇世代目の2^{10}＝1024匹の集団における変異の分布を棒グラフにしたものが図5－1です。合計一二回のシミュレーションのトライアルを実行し、横軸は一匹のDNAあたりの変異の数、縦軸はトライアルの回数、棒の高さはDNAの匹数です。

均衡変異モデル（図5－1a）では、当然のことですが一〇個内外の変異が入った個体が一番多く、最大二〇個の変異を蓄積した個体も一個体います。変異数の一番少ない個体は二個の変異をもっていますがすでに変異ゼロの野生型はいません。全体として険しい山を形成しています。一〇世代でこれですから、一〇〇世代目を想像しますと、一〇〇個近くの変異を持ったものが山のピークを形成し、山は高くなりその位置はずっと右に移動します。野生型はもちろんのこと、変異の少ない個体は確実にいなくなってしまうでしょう。このように、均衡モデルは多様性を創出しますが、元本の保証はできません。

図5－1bは不均衡変異モデルです。このケースでは連続鎖とくらべて不連続鎖には一〇〇倍の変異が入るようにしています。複製ごとに平均二個の変異が二匹の子供に分かれて入りますが、この場合の条件は、連続鎖には平均〇・〇一個の変異が、不連続鎖には平均一・九九個の変異が入ります。つまり、連続鎖の一〇〇倍の変異が不連続鎖に入る設定で、〇・〇一＋一・九九＝二

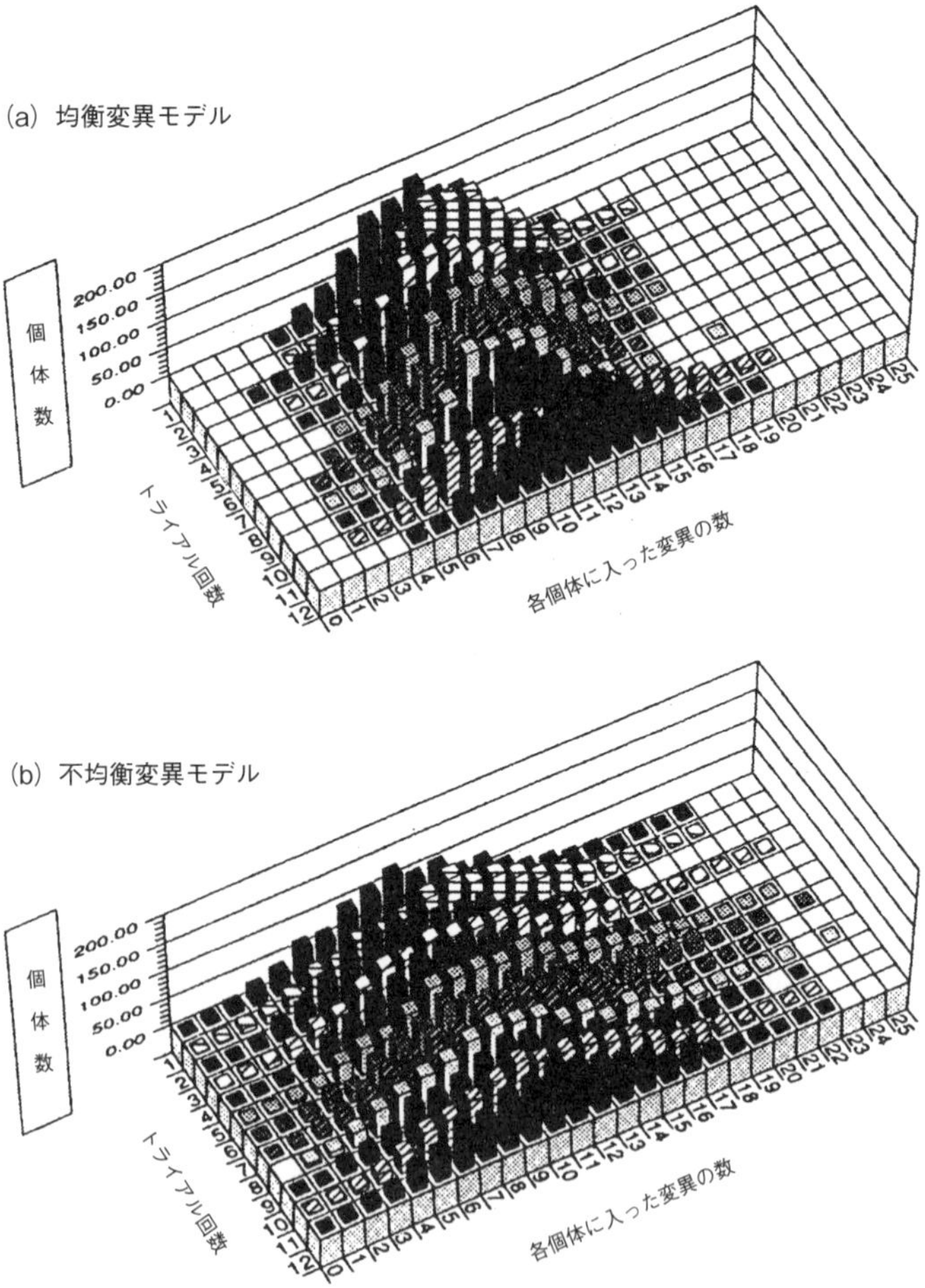

図 5-1　変異の数と個体数のシミュレーション

ですから、前の均衡モデルの変異率二と同じになります。

一見してわかりますように、不均衡モデルでは変異体の分布の形は平たい山で裾野の広いものになります。両モデルの集団当たりの変異の総数はほぼ同じです。一二回のトライアルのうち一回を除いて、変異ゼロの野生型が担保されています。同時に、一番多い二四個の変異をため込んだ個体は三回登場しました。均衡モデルとくらべますと、元本が保証され、しかも多様性が大きいことがわかります。

図5－1bから一〇〇世代目の変異の分布図を想像することができます。山のピークはやはり変異数一〇〇の近辺にあるでしょうが、非常に平らな山で裾野は広く変異数ゼロの野生型、もしくはそれに近い個体は依然として存在しているでしょう。このような分布が起こるであろうことは、さきに図4－5bで示した、連続鎖にはゼロ個、不連続鎖には確実に二個の変異が入るモデルでの変異体の分布からも容易に想像することができます。

図5－1に示した二つの棒グラフは自然選択圧がかかっていない状態ですから、どちらのケースも個体の死はありません。強い選択圧がかかる自然界では両モデルの差はより強調されるでしょう。均衡モデルでは集団の消滅は免れないはずです。なぜなら、複製のたびに各個体に新しい変異が平均一個ずつ加算されますから、環境が変わっても変わらなくても、適応するにはよほどの幸運が重ならないと無理だと思われます。

一方、不均衡モデルの方は、もし環境が変わらなければ常に存在が保証されている野生型、あるいはそれに近い個体で対応して生き残ることができます。環境が変われば、すでに準備されているきわめてレパートリーの広い変異型のなかから、新環境に適応したものが生き残ります。このとき、大元の野生型は死に絶えているかもしれませんが、新環境に適応した個体が新しい野生型としてバリエーションに富んだ子孫を増やしていくことになります。天変地異でも起こらない限り絶滅しそうもありません。

以上のシミュレーションの結果を多様性の観点からまとめてみますと次のようになります。均衡変異モデルでは、個体あたりの変異数のバリエーションは不均衡モデルより少なく、野生型も担保できません。選択圧がかかる状況では、変異の閾値を超えられないと思われます。一方、不均衡変異モデルでは、個体あたりの変異数のバリエーションは均衡変異モデルとくらべてはるかに大きく、しかも元本が保証されています。また、変異の閾値を超えて、集団が生きのびる確率は十分に高いと考えられます。

このシミュレーションの内容をまとめた小論文（レター）が一九九二年に英国の理論生物学雑誌（J. Theoretical Biology）に掲載されました。これが不均衡進化理論の最初の論文です。

DNAの連続鎖／不連続鎖による複製様式が「元本保証された多様性」を創出するという不均衡進化理論の基本コンセプトは、少なくとも数学的に正しいことが確認されたといってよいでしょう。

2　ナップザック問題を解く

では、前述のシミュレーションに自然選択の要素を加えたらどうなるのか。そのときも不均衡

図5-2　ナップザック問題概念図

モデルはどのくらい有効なのかを検証するため、生物の世界に似せてつくられたナップザック問題と呼ばれるゲームに挑戦してみたいと思います。数学の分類でいうと計算複雑性理論に属するとても難しい問題だそうですが、生物進化のような複雑な問題の解をモデルを使って求めようとするときにはなかなかよくできた問題です。

図５－２にゲームの内容を絵で示しました。

ある島に一〇〇種類の金鉱石があります。一つの鉱石の重量は二〇～一〇〇kg、価値は二〇～一〇〇$の間でランダムに振られています。島から少し離れた陸地に鉱石売買会社があり、五〇〇人のプレイヤーがそれぞれ一人用のボートを漕いで島に渡り、ナップザックに金鉱石を詰め込み、ボートを漕いで会社に戻り、持ち帰った鉱石を換金します。それぞれの石の重さと金の含有量はわかっていますが、プレイヤーには隠してあります。

ゲームのルールは次のようになっています。プレイヤーは一回に付き同じ種類の鉱石は一つしか取ることができません。もちろん、種類が違えばいくつでもナップザックに詰め込めます。

ところが、欲張って鉱石をたくさん取りすぎますと、ボートは重みで沈んでしまいます。今回は積載限界を一〇〇〇kgに設定しています。いわばこれが選択圧の役目をします。ゲームの勝者は〝最も儲かる鉱石の組み合わせ〟を考えた人です。鉱石の種類が一〇個程度ならすぐに答えがでるでしょうが、一〇〇個ともなるとよほどの数学的トリックを使わない限り正解を求めるのは難しいそうです。

さて、ナップザック問題をDNA型の遺伝子を使って進化的に解こうというのが今回の挑戦です。生物進化を模して最適化問題を解くやり方は一般に遺伝アルゴリズムと呼ばれ、一九七五年にジョン・H・ホランドが開発した手法です。この方法は、無数にある解を競わせ、どの解が生き残るかによって、最適な答えを導こうというものです。飛行機の翼や胴体の外形、船のスクリューの形、さらには国際航空会社の乗務員の割り振りのような複雑な問題に応用され、優れた成果が得られています。従来、遺伝アルゴリズムに使われていた遺伝子は一本鎖でしたから、いわばRNA型といえます。われわれがつくった遺伝アルゴリズムは二本鎖のDNA型ですから、ネオダーウィニアン・アルゴリズムと命名しました。

プレイヤーは、その遺伝情報に従って鉱石を取ります。たとえば図5－3の一番左端のDNAを見てください。DNAの左側に沿って付してある1～100の番号は遺伝子を表し、一〇〇種類の鉱石に対応しています。遺伝情報が0であれば鉱石を取らない、1は取るを意味します。このDNAの場合は、1、3、4、98、99番の鉱石は取らないが、2、5、m、100番は取るという情報をもっています。

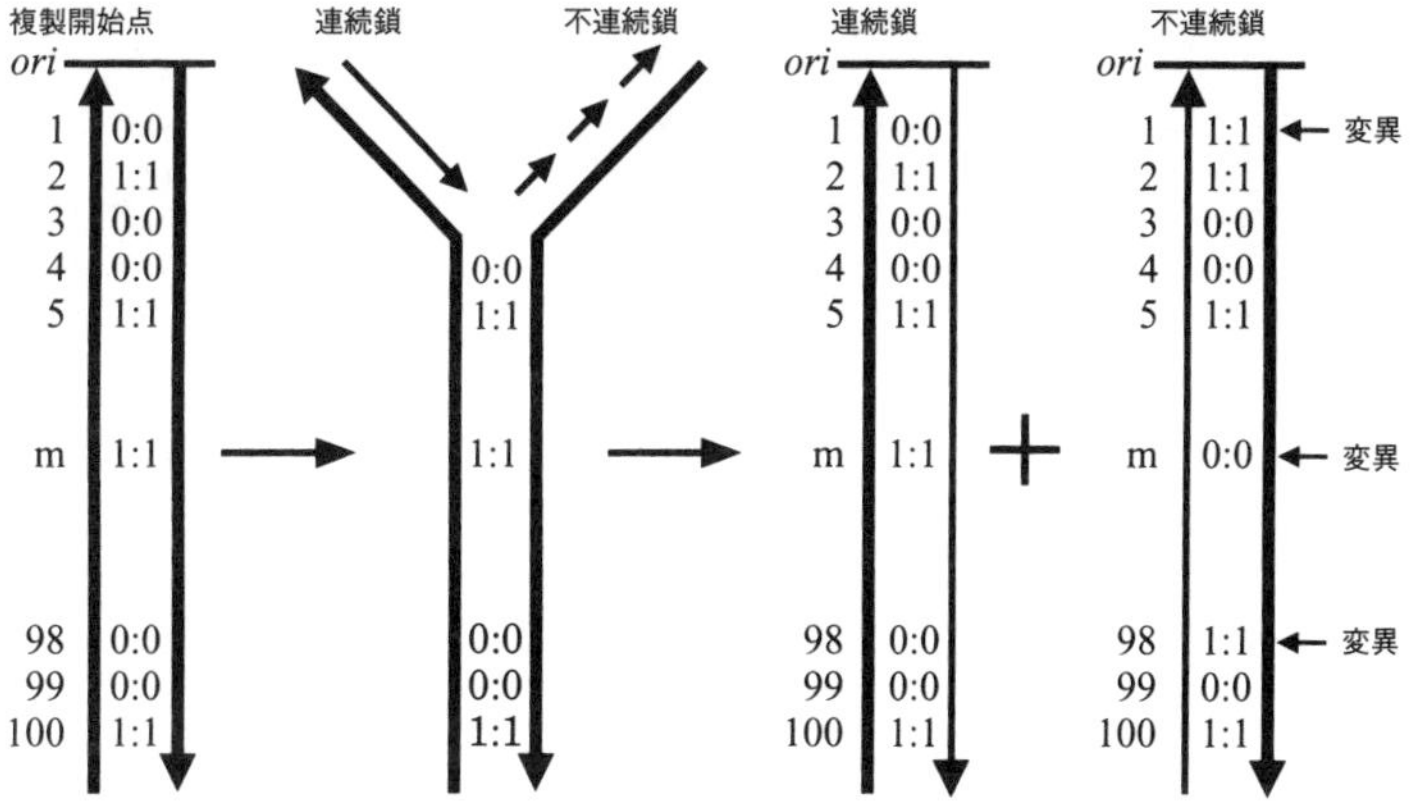

図5-3　プレイヤーのもつ遺伝情報

それぞれのDNA情報に従って鉱石を取ったのちボートで無事に会社に帰り着けた人（DNA）は生き残ったことになります。換金を終えた人のDNAは、DNAの上端より連続鎖／不連続鎖様式で複製し、そのときに変異が入ります。変異の入り方はランダムです。変異とは0が1に、あるいは1が0に変わることです。ボートが途中で沈まない限り子供がまた鉱石を取りに出かけます。これを幾世代もくり返し、最も儲かる組み合わせを見つけようというわけです。

図5－3では、連続鎖で合成された子DNAは変異0で親とまったく同じ遺伝情報を受け継ぎますが、不連続鎖で合成された子供DNAは右側の小さな矢印で示した箇所、1、m、98番の三つの遺伝子が変異しています。変異の入り方は連続鎖・不連続鎖に関係なく均等に入る場合（均衡モデル）と、図5－3のように不連続鎖に偏って入る場合（不均衡モデル）とを設定します。不均衡モデルの場合には、連続鎖には一遺伝子あたり○・○○一個の変異（一〇〇個の遺伝子が存在するこのDNAで

は、DNAあたり平均〇・一個）という低い値にしています。

一本のDNAから二本の子DNAができますから、二代目のプレイヤーの人数は倍になります。たとえば五〇〇人が島に出かけて行って、そのうちの一五〇人が過重量のため沈没溺死したとします。無事帰ってきた三五〇人のDNAが複製しますと七〇〇人になります。ボートは五〇〇艘しかないので、もう一度島に行く五〇〇人を選抜しなければなりません。超過した二〇〇人を除外して五〇〇人にする際に、モンテカルロ法と呼ばれる方法で選抜します。この方法は、換金額の上位から順に選ぶのではなくて、もちろん金額の多い人をより多く選びますが、稼ぎの少ない人からもそれなりに選抜します。その理由は現在稼ぎがよいからといって、将来もより多く稼ぐ素質をもっているかどうかわからないからです。逆に、今稼ぎが少々悪くても将来の伸びが期待できるかもしれません。学校の成績と社会に出てからの成功者の関係を思い出すと納得のいく選抜方式だといえます。なお、換金の際に、全部の遺伝子が0になった個体はその時点で除外しました。

次に、染色体二本をもつ二倍体でも検討してみました。半数体と同じように複製しますが、相同染色体がありますから、遺伝子1（1：1）が優性で、0（0：0）を劣性としました。優劣を逆にしてもシミュレーションの結果は基本的に同じでした。

さらにこれが有性生殖する場合も試しました。この場合は、複製のとき減数分裂をして四つの配偶子をつくり、他の個体の配偶子と受精します。場合によっては、減数分裂のときに交叉が起こるという設定です。

シミュレーションは四〇〇〇～一万世代おこない、集団が消滅した時点で中止しました。なお、このシミュレーション実験は共同研究者の和田健之介、土居洋文らによっておこなわれたものです。

さて、まずは図５－４Ａをごらんください。横軸は世代を、縦軸は集団が稼いだ金額（適応値）の平均値を示しています。一本のＤＮＡを持つ半数体の個体で変異率が０・１と低いときは、不均衡・均衡モデルともに同じような適応値の上昇カーブを示し、二〇〇〇世代くらいでほぼ一定の高い値に到達します。ところが、高変異率（８・０）では、不均衡モデルの方が圧倒的に適応能力が高くなります。一方、均衡モデルは低い適応値のままで推移します。注意すべきは、不均衡モデルのグラフの立ちあがりが速い点で、進化の競争に強いことを示しています。

不均衡モデルの優位性は、二本のＤＮＡをもち無性生殖で増えるときにより大きくなります（図５－４Ｂ）。すなわち、不均衡モデルでは、８・０という高い変異率にもかかわらず適応値は世代を重ねるに従い増加していきます。均衡モデルでは変異率が２・０に増しただけで、三〇〇世代に到達する前に全滅してしまいます。このように、不均衡モデルは進化レースに有利であることを示しています。

図５－５は、有性生殖する場合の変異率と交叉の効果を示しています。ＣＲ２・０は一回の減数分裂につき平均二カ所で交叉が起こることを示しています。

図５－５Ａを見ると、不均衡モデルは高い変異率でも多少の不安定性は見られるものの十分

な適応能力があること、そして交叉はかえって適応能力を上げる場合があることを示しています。また、高変異率の場合、適応値カーブの立ち上がりが変異率の低いものにくらべて速いことに注目してください。この結果は、不均衡モデルが変異率を上げることで適応進化のスピードを速めることができることを示しています。

有性生殖をする均衡モデル（図5－5B）では、変異率が低い場合は、Aの不均衡モデルと遜色のない適応カーブを描きますが（図には示していない）、変異率が2・0より上の領域では、適応値は1000近辺に落ち込み、変異率が上がるに従って絶滅の時期が早くなります。しかし、交叉が入ると絶滅を回避することができることも示しています。

このシミュレーションモデルで、スタート時の人数を変えて、適応値との関係を調べてみました（図5－6A）。すると、わずか三〇人の不均衡変異をおこす人がいれば、その適応値は均衡変異のそれの一万人に匹敵することを表しています。不均衡モデルの適応力はフレキシビリティが非常に高く、環境の変化に強いことがわかります。

さらにここで制限重量を五〇〇kgと厳しい選択圧に変えてみました（図5－6B）。二倍体の不均衡モデルは8・0という高変異率であれば厳しい選択圧がかかっていても五〇人という少人数で始めても生きていけることを示しています。反面、均衡モデル（変異率1・6）では二〇〇〇～三〇〇〇人が総出で頑張っても全員死滅してしまって、不均衡モデルに太刀打ちできないことを示しています。

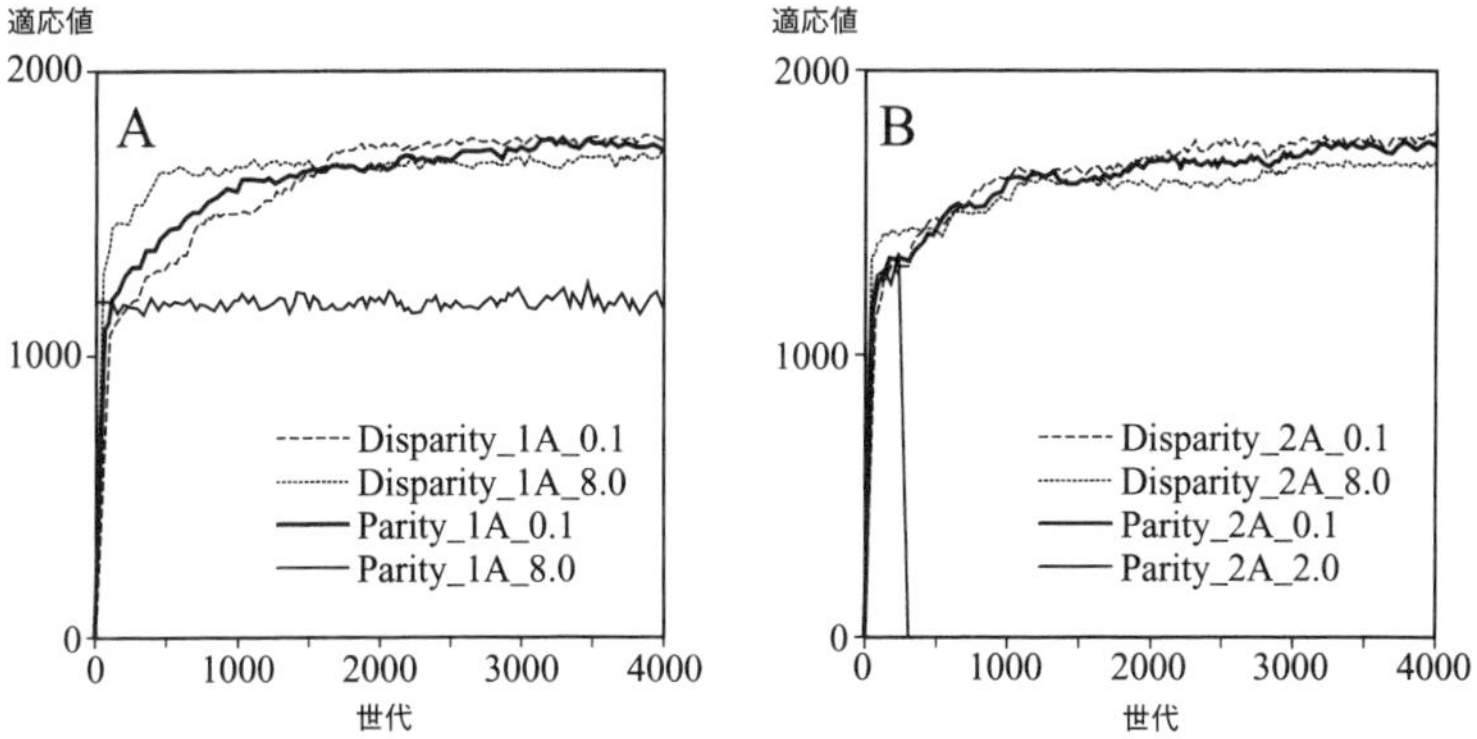

図 5-4　半数体と二倍体

Disparity：不均衡変異　Parity：均衡変異　1A：染色体 1 本（半数体）で無性生殖　2A：染色体 2 本（二倍体）で無性生殖　0.1：変異率 0.1　8.0：変異率 8.0

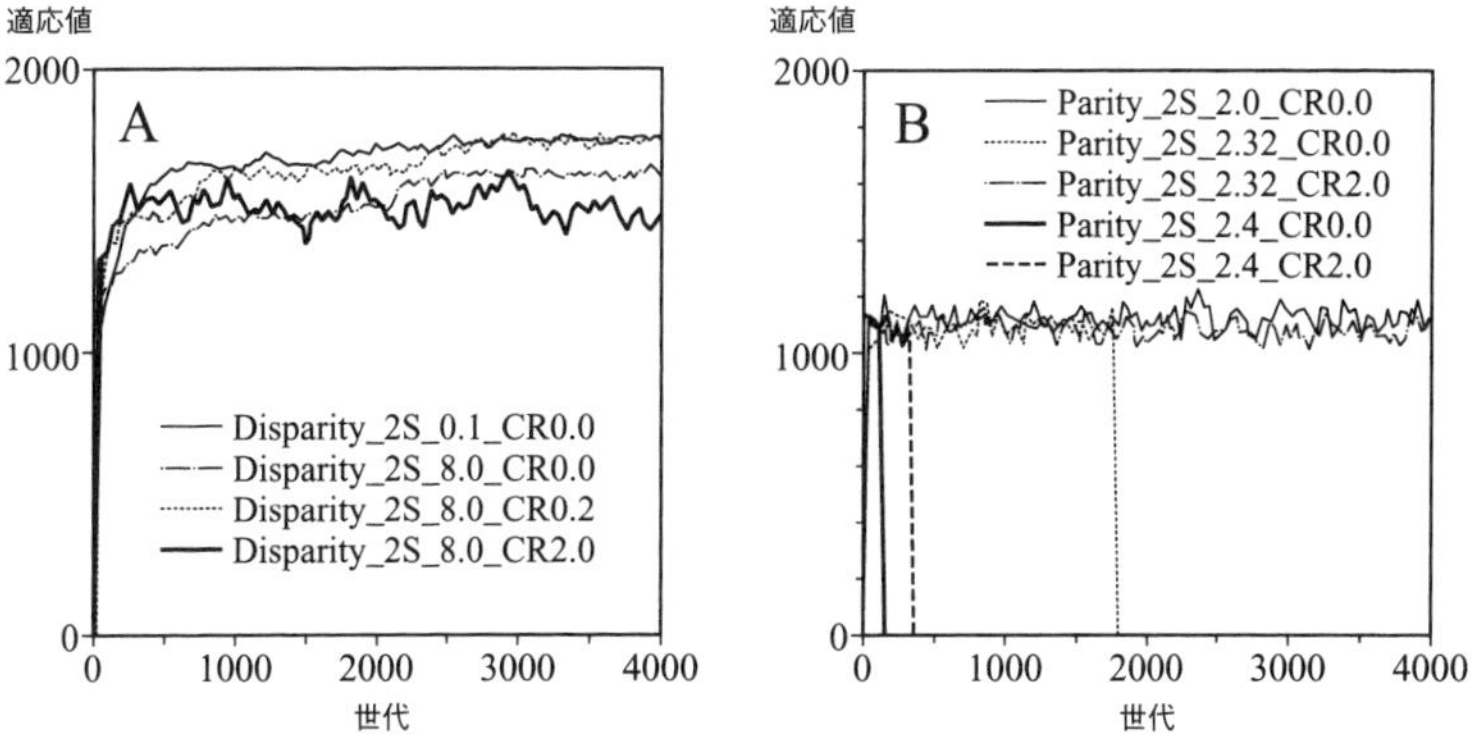

図 5-5　有性生殖で交叉の効果を見る

2S：染色体 2 本（二倍体）で有性生殖　CR0.0：交叉なし　CR2.0：交叉頻度 2.0（1 回の減数分裂につき平均 2 か所で交叉）。

最後に、同じニッチを不均衡モデルと均衡モデルが競合するケースのシミュレーションをしてみました。図5－7とその説明をごらんください。縦軸は人数です。最初二五〇人ずつの両モデル（両者とも8・0という高変異率）が存在しているときには、それこそあっという間に不均衡モデルが均衡モデルを駆逐してしまいます。もっとすごいのは、合計五〇〇人のうち、最初たった二人の不均衡モデルと四九八人の均衡モデルからスタートした場合、二〇〇世代でやはり後者は完全にニッチから追い出されてしまいます。このような不均衡モデルの競合社会における圧倒的勝利は、このモデルがもつ「元本保証された多様性の創出」という戦略を思い出せばすぐに納得できます。

以上のシミュレーションの結果をまとめますと以下のようになります。

①不均衡モデルにとって有利な条件
小集団、強い選択圧、高変異率、有性生殖する二倍体、競合的世界。
②均衡モデルにとって有利な条件
大集団、弱い選択圧、低変異率、無性生殖する半数体、非競合的世界。

ナップザック問題のような、ある意味で単純な最適化問題で得られた結果を安易に自然界に当てはめて考えるのは、はなはだ疑問な点もありますが、あえて上述の結果を自然界の生物について拡張解釈をしてみますと次のような結論を導き出すことができます。

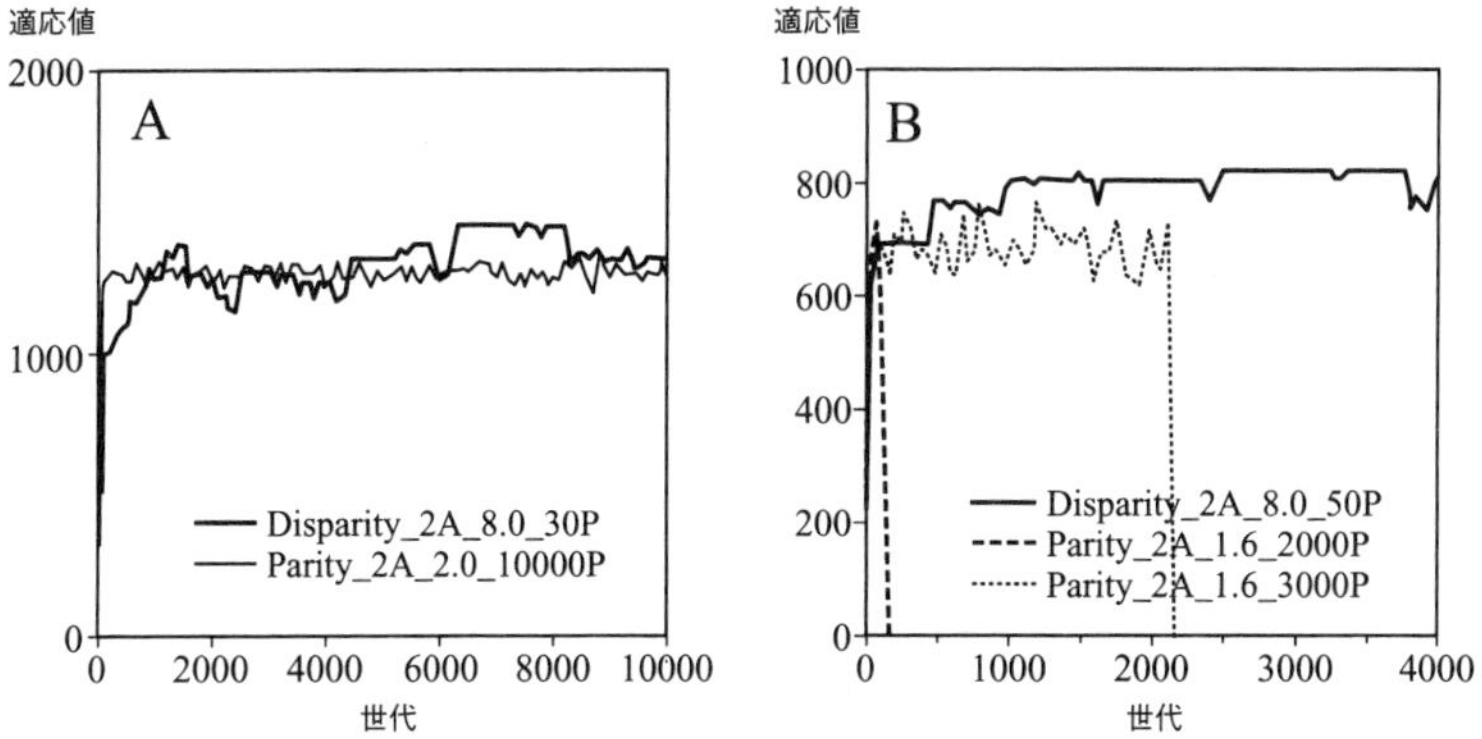

図 5-6　スタート時の人数と適応値の関係
Disparity：不均衡変異　Parity：均衡変異　2A：二倍体で無性生殖　30P：初期人数 30 名。図 A の不均衡変異は変異率を 8.0 に、均衡変異は変異率を 2.0 に設定。B には制限重量 500 kg という選択圧を設定し、均衡変異の変異率を 1.6 まで下げた。

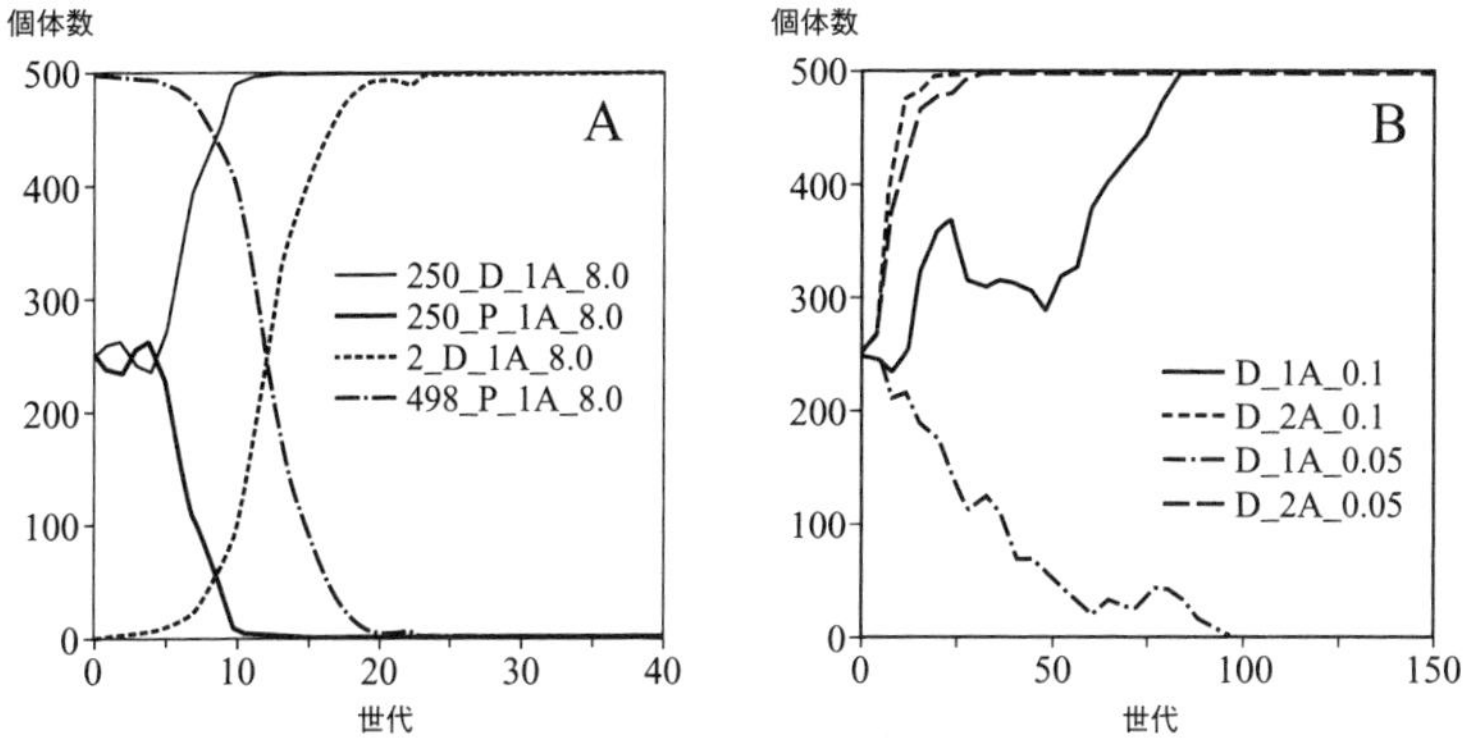

図 5-7　均衡モデルと不均衡モデルの競合
グラフ A 中の実線は、不均衡（D）と均衡（P）の初期人数を各 250 名からスタートして競合させた。点線は、不均衡の初期人数を 2 名、均衡を 498 名で始めたもの。いずれも半数体_無性生殖_変異率 8.0。グラフ B は、変異率を 0.05 と 0.1 と低く設定し、A 同様、初期人数各 250 名ずつで D と P を競合させた。結果は D のみ示してある。

不均衡変異が有利な世界はヒトを含む動植物の世界であり、均衡変異の有利な世界は大腸菌のような世界、特に実験室で豊富な栄養条件下で飼育されているような場合といえるでしょう。自然界はナップザック問題のように単純なものではありません。自然環境は常に動的に変動し、しかも自然を構成している要素は相互作用をしています。このような状況でも不均衡モデルが進化にとって優位にパフォーマンスを発揮できるかどうかが最大の興味であり、本書の中心的課題でもあります。

3　適応度地形の谷間を越える

さて、ここまで数学的なモデルで検討してきました。では不均衡変異モデルの「元本保証された多様性」の優位さが、実際の生物世界ではいかなる意味をもつのか、より生物に即したモデルで考えてみます。

ここでは適応度地形を使いたいと思います。適応度地形は集団遺伝学の祖であるS・ライトが提唱した概念です。視覚的には理解しやすいのですが、それが意味するところを考えていけばいくほど、いろいろな解釈ができてしまうために、かえって議論が分かれてしまうこともあって、使いやすい概念とはいえません。それでもこれを使おうとするのは、とにかく感覚的にわかったような気になるからです。数学的に隙のないモデルではないので、適応度地形の解釈も生物のふるまいも、私なりの強いバイアスがかかったものであることをお許しください。

高等生物の営みは複雑すぎますから、大腸菌を選びました。大腸菌のゲノムは環状で、おおよそ4・6×10^6（460万）の塩基対からなり、遺伝子数はほぼ四〇〇〇です。ヒトとくらべますと、ゲノムの大きさは一〇〇〇分の一強、遺伝子数は約六分の一です。

図5－8は適応度地形の概念図です。四角形の凹凸のある面には方眼紙のような網目があります。この網目の線の交点の一つ一つが大腸菌の一つの遺伝子型に対応しています。一つでも塩基置換が起こると遺伝子型は近くの網目の交点に移動します。交点の数は4の4・6×10^6乗個で途方もない配列空間を形成しています。この図は立体的に三次元で描かれていますが、現実の配列空間の次元数はゲノムの塩基数と同じ4・6×10^6次元ということになり想像を絶する世界です。この図は配列空間のほんの一部を拡大したものです。

この図には山が六つ描かれています。山の高さは環境に対する適応値の高さを示し、この場合の適応値は大腸菌のペニシリンに対する抵抗性の強度を表しています。たとえば、一番低い山P1の頂にいる大腸菌は10㎍／ml（㎍＝マイクログラム。1㎍は0・001㎎）の濃度のペニシリンの存在下で生きることができますが、この山頂より低い場所で生活している菌がもし10㎍／ml濃度のペニシリンに触れると死んでしまいます。

さて、この大腸菌の集団が増えていくとき、変異が入って遺伝子型が変わると、その個体の位置も高さも少しずつ変わります。P1の頂にいる大腸菌は、変異しつつP1の頂より高いところにある遺伝子型にたどりつかなければ、10㎍／mlを超える濃度のペニシリンが環境に現れたときに生き残れません。もし次に高いP2の頂上に到達していれば、100㎍／mlの濃いペニシリンの攻撃を受けても死なずに済みます。このようにして次々とより高い山の頂上に登っていくことができれば、この集団は世代を重ねるたびにより強いペニシリン耐性を獲得していくことを示しています。

通常は適応度地形は固定していると考えられますから（ペニシリン耐性の強度によって遺伝子型は決まっている）、最初谷間（×印）にいた野生型の菌がどのコースを通って山に登るかは、複製の際にどの塩基が置換されるかによって決まります。一度一つの山の裾野に到着できた菌は、運が良ければ、わずかな数の変異の追加で同じ山を登っていけるように設定されています。つまり、適応度地形の一つの山は似かよった遺伝子型で形成されています。

大腸菌にとって一番の問題は、一度山の頂上に到達した菌がひどく離れた場所にあるさらに高い山にどのようにして移動するのかという点です。二つの山の間には深い谷もあるでしょうし、小さい山もいくつかあるかもしれません。このような険しい山脈の縦走のような移動には思い切った遺伝子型の変更が必要になります。大腸菌は行く先の地形を前もって知っているわけではありませんから、この難題を克服するには相当の戦略が必要になってきます。

さらなる試練が待ち受けています。現実の世界では環境は常に流動的ですから、今日現在10μg／mlのペニシリン耐性を示す遺伝子型も明日にはまったく役に立たないことだってありえるのです。たとえば、急に温度が10℃上昇したとしますと、さっきまでペニシリンの中和作用をもっていた酵素タンパク質の活性が落ちてしまって、10μg／mlのペニシリンに耐えられなくなる場合があります。つまり、同じ遺伝子型でも適応度地形の山は低くなってしまいます。このように外部環境の変化につれて山がいつも動いているような流動的状況に対応するには、遺伝子の多様性

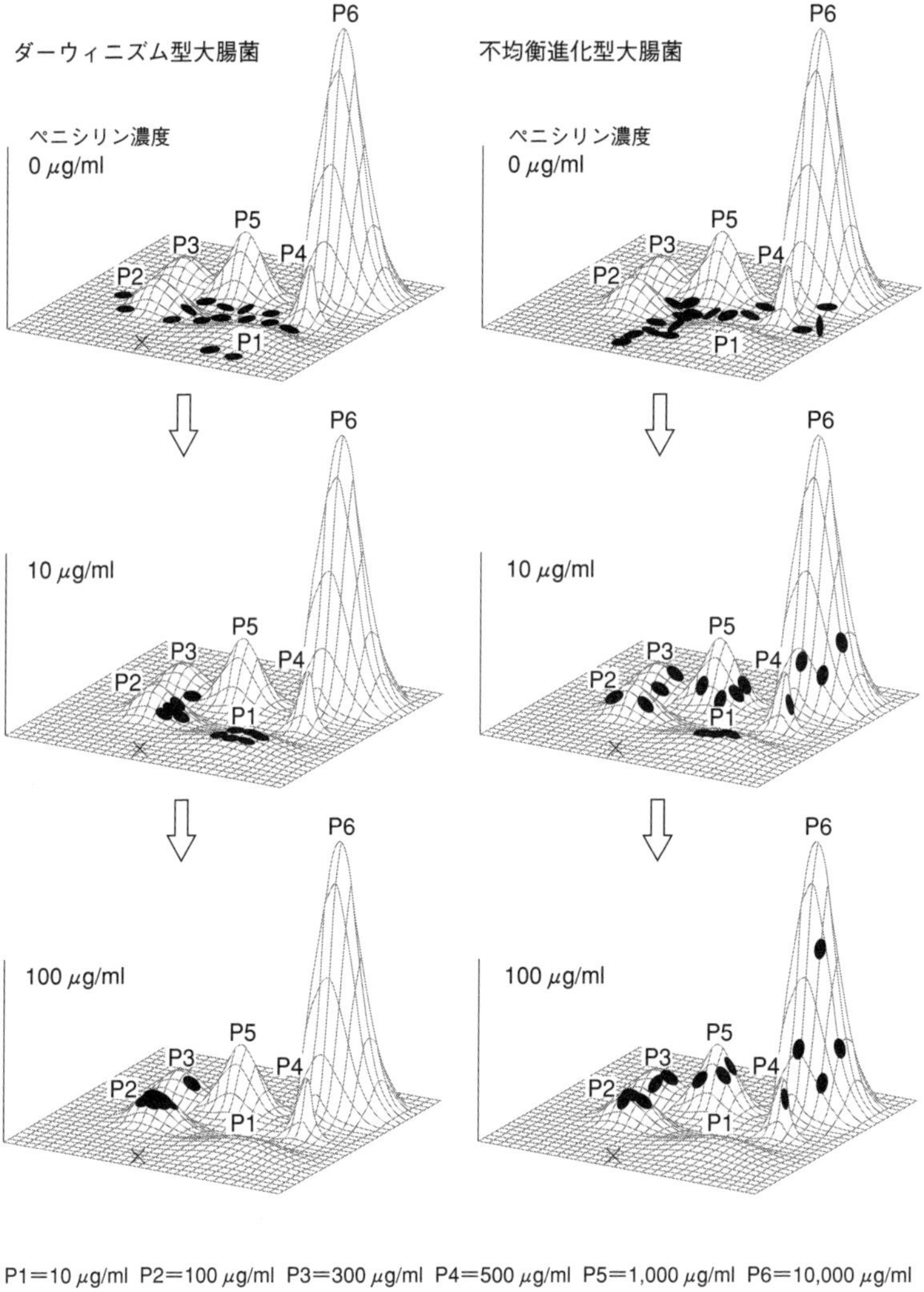
ダーウィニズム型大腸菌
不均衡進化型大腸菌
ペニシリン濃度
0 μg/ml
ペニシリン濃度
0 μg/ml
10 μg/ml
10 μg/ml
100 μg/ml
100 μg/ml
P1
P2
P3
P4
P5
P6
P1=10 μg/ml P2=100 μg/ml P3=300 μg/ml P4=500 μg/ml P5=1,000 μg/ml P6=10,000 μg/ml

図 5-8　適応度地形の概念図

をいつも創りだしていなくてはなりません。

　今日的な進化の総合説では適応度地形をどのようにして乗り越えていくのでしょう。先に述べましたように、集団のなかに多様性に富む変異遺伝子を蓄えることが何よりも大切です。これが大集団ですと、遺伝的浮動が抑えられ多様性創出の効果が薄れてしまい、険しい適応度地形には対応できません。さらに変異の閾値という〝くびき〟が邪魔をしますから、短期間にドラスティックに遺伝子型を変えて峻険な適応度地形を歩くことは非常に困難です。

　S・ライトはこの問題を、小集団を考えることで克服しようとしました。集団が小さいと偶然性に支配される遺伝的浮動の効果が増幅され、ユニークな遺伝子型で構成される小集団が多数つくられます。自然界の大腸菌はF因子と呼ばれるプラスミドによってゲノムの広い領域を他の個体に積極的に移すことができるので、それらの小集団間の部分的な交流によって、大集団では考えられない遺伝子の新規の組み合わせが生まれ、多様性が増します。その結果、集団全体としては適応度地形上の移動が容易になると説明されています。

　長い進化の時間を考えますと、ライト方式で険しい適応度地形の歩行は可能だと思いますが、急激な環境変化や、臨床の場でのペニシリンの波状攻撃のような衝撃的な環境の変化に果たして対応できるのでしょうか？　なんといっても、ランダムな変異に由来する変異の閾値の存在が致命傷になるのではないでしょうか。そして、ペニシリンに限らず薬剤耐性菌が次々と現れてわれわれを悩ませているという現実があります。

　さて、不均衡進化理論ではどうでしょうか。前項のナップザック問題の解でも示したように、不均衡変異モデルは厳しい環境下では進化レースに圧倒的な強さを発揮します。不均衡進化型大腸菌はこの優れたパフォーマンスを適応度地形でも発揮できるでしょうか。

心配な点はゲノムの構造と大きさの違いです。ナップザック問題に使ったゲノムDNAは棒状で遺伝子はたったの一〇〇個でした。一方、大腸菌のゲノムは環状で約四〇倍の数の遺伝子と一〇〇万個オーダーの塩基対をもっています。大腸菌を用いた実験例は後述しますが、結論だけを申しますと、ナップザック問題と基本的に同じような結論になります。

これまでに何度も出てきましたが、すべては不均衡モデルがもつ「元本保証された多様性の創出」と「変異の閾値の上昇」という二つの性質に帰することができます。たとえば、一番低いP1の頂上に達した大腸菌もそこには安住せずに、複製して生じる一方の子供にそのときのベストの戦略（遺伝子型）を担保させておいて、もう一方の変異が入った子供を〝斥候(せっこう)〟（偵察兵）に出してさらに高い山がないか常に探索しているのです。しかも、変異率を自由に上げ下げできますから、斥候が幸運にも最高の山P6の頂に到達すれば、変異率を適当に下げてゆったりとした生活を送ればよいことになります。このダイナミックな適応度地形の探索行動は、動的な地形にも十分対応できると想像できます。

大腸菌が頂P1から頂P6までに至る強い抵抗性を漸進的に獲得するには、単に一個の遺伝子の改良だけでは達成できないと考えられます。実際、ペニシリン耐性といってもさまざまな方法が考えられます。①大腸菌の細胞壁を構成するペプチドグリカン合成酵素（ペニシリンの主薬効）の失活、②ペニシリンの細胞壁透過性の阻害、③薬剤汲み出しポンプ装置の破壊、④ペニシリン分子の直接的失活、等々です。これらの働きを生み出すには、それぞれ異なった遺伝子が関わる必要があり、そのための変異の蓄積が必要になるでしょう。つまり、より強い抵抗性とは、より多様な抵抗の手段を手に入れることだと考えられます。

これを適応度地形で考えてみますと、高い山とは、それぞれ異なった生理活性に対応する遺伝子群が組み合わさったものである可能性があります。言い換えますと、複数の遺伝子それぞれに、変異が蓄積された状態です。ここに適応度地形の山をのぼる難しさがあるのです。このように種類の異なる複数の遺伝子が相互作用して新しい生理活性を生み出すことをエピスタシスと呼びます。

図5－8に描いたのは、適応度地形を歩いていくイメージです。ダーウィニズム型大腸菌は小集団間のコミュニケーションをとりながら堅実に山を登っていきます。より高い山に登るには長い時間を必要とします。一旦山を降り再び別の山に登るためには多くの変異を蓄積しなくてはなりません。ぐずぐずしている間にペニシリン濃度が急上昇しますと全滅する可能性がきわめて大きいと言えるでしょう。

一方、不均衡進化型大腸菌は、集団をつくって山を登りますが、かなりの部分の個体が堅実に山の頂を目指し歩み続ける一方で、残りの個体はハイリスク・ハイリターン戦略で新天地を目指して冒険旅行を続けます。そしていち早く最高の山P6の頂を発見し、征服するでしょう。

今日主流の進化論は〝まず変異ありき〟というところからすべてが始まります。この思考はダーウィン以来今日まで変わらずに受け継がれてきました。ダーウィニズムはメンデルの遺伝法則を取り込みましたが、メンデル遺伝も変異の遺伝を出発点にしていますから、この考え方はより強固なものになりました。さらに、集団遺伝学が進化論の主導権を握るに至って、この傾向はますます助長されました。

一方、電気泳動技術が発明され、タンパク質のアミノ酸配列やＤＮＡの塩基配列を解読する技術開発が進んで、進化研究の様相はすっかり変わってしまいました。タンパク質やＤＮＡレベルの変異が簡単に識別されるようになり、進化を分子レベルで語れる時代がやって来ました。なかでも進化の研究に最も貢献したのは分子時計の発見であったと思います。

分子時計を使って、現存する生物からピックアップした任意の二種類の生物が、過去に遡っていつごろ分岐したかを推測することが可能になりました。分子時計を用いた正確な系統樹の作成は、進化論の大きな支えになりました。しかし、進化機構の解明という点では、それほどの貢献をしたとは思えません。一番の理由は、現存する生物種の間には進化的な意味での因果関係がないからです。つまり、選ばれた二種類の生物は、どちらの生物も一方の生物が進化してできたものではなく、両者に共通の祖先生物から分岐し進化してきたものです。進化研究にとって一番重要な課題は種の分岐の機構を知ることですが、現存生物の比較からこの課題にダイレクトに迫ることは理論的に不可能です。

ダーウィニズムは変異を重要視しているにもかかわらず、なぜ変異の入り方や変異の性質にあまり興味を示してこなかったのでしょう。おそらく、ダーウィニズムにとっては自然選択の力が絶対で、ランダムに起こる変異がゲノムのどの場所に入ろうと関係なく、自然選択によって進化は進むと考えて、つまりは、変異そのものを問題にする必要がなかったのではないでしょうか。もしこの憶測が正しいとしますと、〝始めに変異ありき〟からスタートして、最後は、進化のすべてを自然選択の手に委ねればよいことになります。

もちろん、私も進化における自然選択の役割は認めています。しかし、ダーウィニズムが強調するほどオールマイティな力をもっているとは思っていません。どんな変異がいつどのように入るかという違いもまた、自然選択が進化にとって有効に働くかどうかを左右する要因だと考えています。しかし、変異のしくみを問うことは、自然選択以外に進化の要因があると認めることになってしまいます。ゆえにダーウィニズムでは、自然選択以外に、とりわけ生物自身のなかに進化の推進力を見ることはタブーとされてきました。中立進化説が当初激しく批判されたのもその点ですし、またラマルク説や今西進化論、定向進化説等が結局は葬り去られたのもそのためです。理論的根拠や証拠の不十分さにも原因があったのでしょうが、もう少し謙虚に彼らの主張に耳を傾けるべきだったように思います。これらの説が異端視された原因には、多少なりとも村八分的な要素があったと感じています。

ここまでＤＮＡ複製機構の非対称性構造に由来する不均衡におこる変異が、「元本保証された多様性の創出」というパフォーマンスを発揮して、いかに進化を推進するかを説明してきました。これは、自然選択の前提になる変異を生物がどのように準備しているか、という点に光を当てています。この機構の存在が進化にとっていかに有利かは、この章で検討した結果から明らかでしょう。不均衡変異をもたらすしくみがＤＮＡの複製機構にあるのか、それとも他にあるのかはまだ決められませんが、不均衡変異が進化に必要だという点については理解していただけたのではないでしょうか。

不均衡変異をもたらすのが、もしＤＮＡの複製機構にあるとすれば、その複製装置に着目することで、変異率を人為的に上げることができるのではないか。それは進化を加速させることになるのではないか。適応度地形で考察した結果は、実際の大腸菌のふるまいに近いのではないか――このイメージを頭のなかで何度も思い描きながら、私は実際の生物で進化加速を実験する機会を待っていました。

第6章

進化加速を実験する

序にも書きましたように、小学生の低学年の頃から進化には非常に興味をもっていました。当時、わが家の近くにはたくさんの原っぱがあり、そこでかくれんぼをして遊んだものです。草むらの中に身を潜めていると、よくイトトンボが近くに寄ってきました。それらをじっと眺めていますと、オニヤンマにそっくりな形と模様をしているのがいました。このイトトンボは今はからだが小さいけれど、いつかきっとオニヤンマになるのだと密かに信じていました。そして、オニヤンマに進化するところを目の前で見てみたいと真剣に思っていました。

大学の生物学教室で発生学を研究するようになった頃から、進化を能動的に駆動する機構を真面目に考えるようになりました。一九三九年に岩波新書で初版が出版されたアインシュタインとインフェルトの世界的名著、『物理学はいかに創られたか』の影響を受けて、自然のルールは単純で美しいものに違いない、進化を駆動する原理のようなものがあるとすれば、きっと簡単なものだろうと想像していました。

私が頭に描いていた進化の駆動装置のイメージは次のようなものでした。

①今日地球上に存在する多様な生物が、たった一種類の単細胞生物から派生したものであれば、進化を進める原理は生物界に共通のものであるにちがいない。

②進化を駆動する装置はきっと簡単なしくみにちがいない。なぜなら、細菌のような短いゲノムを使っている生物に、複雑な装置をつくるのに必要な遺伝情報を収納する場所的余裕はないはずである。

③進化を駆動する分子機構があったとして、複雑なものであるはずがない。込み入ったシステムはデリケートな調節をおこなうには適しているかもしれないが、進化のように大まかで、膨大な時間がかかるプロセスを微調整することに意味はない。

④複雑な装置は反面壊れやすいという特徴をもっているので、進化という生物にとって本質的な営みをそのような危なっかしい装置に託すはずはない。

大学と企業の現場で働いた約三〇年間、ずっとこのような考えを巡らしていました。まあそんな他愛もないことを、よくも一人前の大人の研究者がまじめに考えていたものだと呆れられる方もきっとおられると思います。事実、小学生のときに考えていたことと本質的になにも変わってはいないのですから。

今ふり返ってみますと、上に述べました進化の駆動力に関するイメージは、当たらずとも遠からずといったところでしょうか。すべての生物が例外なくDNAの複製に連続鎖／不連続鎖様式を使っています。もしもこの複製機構が進化の駆動力として働くのならば、考えようによっては、ずいぶん簡単で堅固なシステムであるといってもよいでしょう。そして、DNA複製酵素群は全生物にほぼ共通していますから、進化のごく初期に生まれた遺伝子が、あまり変わらずに現在の生物にまで継承されていることを示しています。それほど有用で安定なシステムであることの証拠でしょう。

なお、細胞に寄生するプラスミドやトランスポゾン、DNAウイルスなど短いゲノムをもつものは、自分のゲノムにDNA複製を遂行する遺伝子をコードする場所的余裕がありませんから、宿主である細胞のDNA複製に使われている酵素群を拝借しています。

けれど私自身、DNAの非対称な複製システムそのものが進化を駆動する装置であるとは、一九八八年にA・コーンバーグの講演を聴くまではまったく想像もしていませんでした。それまでは、頭のなかでは岡崎フラグメントは不思議な存在だなあといつも意識していたのですが、進化とはまったく結びつかなかったのです。

進化を駆動する装置と原理がわかれば、進化を実験的に扱えるのではないか——不均衡進化論を閃いた瞬間から、私はそう考えていました。

1　進化実験の挑戦者たち

コーンバーグの講演後、分子進化について論文を調べていくうち、一九六〇年から一九七〇年代にかけての分子生物学の黎明期に、ゾル・スピーゲルマンやマンフレッド・アイゲンらによって試験管内で進化を進める実験がおこなわれていたことがわかりました。アイゲンは一九六七年に高速化学反応の測定研究でノーベル化学賞を受けた物理化学者です。ここでまたしても物理系学者の登場です。

彼らは大腸菌に感染する、Qβ（キューベータ）という名のウイルス（バクテリオファージ）の一本鎖RNAゲノムと、QβのRNA合成酵素の混合物を複数の試験管に分注し、RNAの複製をおこなわせました。試験管内で複製され増えていくRNA分子の中から複製の速いものだけを人為的に選抜していくと、どの試験管も短いRNAに収斂します。この短鎖RNAは自然界でQβが大腸菌に感染したときに出現するミニバリアント（ミニ変異体）と呼ばれるRNA分子に塩基配列が酷似していました。

さらに驚いたことに、その試験管中にRNA複製を阻害する物質を加え、選択圧をかけると、RNA複製速度は一時的に遅くなりますが、やがてこの阻害物質依存性の増殖をするRNAが創出されたのです。つまり、阻害物質がないとかえって複製速度が遅くなるというネガティブの適応進化が起こったのです。

私はこの論文を読んだとき一瞬ぎくっとしました。これは私が夢に見ていた進化の促進実験ではないのか？　ゲノムも複製酵素も自然のままのものですから、この限りにおいては人工的なものは一切使っていません。しかし、宿主である大腸菌は使っていませんし、進化させたものはファージそのものではなくて裸のRNA分子ですから人工的な系です。それでも目の前で分子進化が観測されたことだけは確かです。

さらに彼らに続いて、リチャード・レンスキーが先駆的な進化実験をおこないました。

レンスキーらは無性生殖で増殖しプラスミドをもたない実験用大腸菌一匹から進化実験をスタートしました。少し貧栄養のグルコースを含む（25㎎／㎖）液体培地に大腸菌を植え、一昼夜培養し、そこから0・1㎖を9・9㎖の培養液に移します。この単純な操作を延々と続け、実に四万世代を越えて継体培養した結果、新しい表現型が自然に出現してきました。

最近、ネイチャー誌に塩基配列の結果が報告されました。時間が経過するにつれて適応の速度は著しく減速しましたが、ゲノムの進化は二万世代にわたってほぼ一定でした。この時計のような規則正しい進化速度（分子時計）は中立進化の特徴だとされていますが、これらの変異のほとんどが中立ではなく有益なものであったことが示されました。二万世代を過ぎると、この集団は変異率を上げ、中立的な特徴が目立つ数百の変異が追加されました。一定の環境の下でも、有益な変化の入るスピードは意外なほど長期間一定でしたが、予想とは逆に中立な変異はスピードの変動が非常に大きかったのです。つまり、理論と実際とは必ずしも一致しないという結果であり、この実験は進化の複雑さを雄弁に物語っています。最近の報告で、通常の六倍も速く増殖するものが出現したそうです。その菌は代謝物であるクエン酸を消化するように変異したものです。

一方、四方哲也は、大腸菌と粘菌を混合培養という異常な競合状態に置いて、大腸菌のふるまいを観察しました。粘菌は普通、大腸菌をエサにするものですが、両者を一緒にして継代培養すると、最終的に、粘菌は大腸菌の代謝物を、大腸菌は粘菌の代謝物をエサにするようになり、両者は共生状態で安定化されます。つまり弱者は常に敗者ではないという結果です。ダーウィン流の弱肉強食的生存競争の原理では説明できませんが、不均衡進化理論から演繹される「不敗の戦略」を支持する結果であることは確かです。

レンスキー、四方の両者とも進化を強く意識した実験ですが、私が主張する進化の加速実験とは別のカテゴリーに属するものです。その理由は、これらの実験では野生型の大腸菌を人為的に設定された選択圧のもとで培養をしているうちに予期せぬ表現形質が現れたというわけです。つまり、実験が企画された時点では〝進化の加速〟というコンセプトは入っていなかったように思えます。俗にいう結果オーライ的実験ですが、変化がまったく予測できないので、どちらもとても勇気がいる実験だと思います。私の好みのタイプの実験でもあります。

これらの実験の優れたところは、前者ではけた外れの世代数を重ねた点であり、後者では、本人自身が〝未知との遭遇〟と表現するほどの奇抜な環境で大腸菌を飼育した点です。両実験とも結果として進化が加速されたように見えますが、その進化の原因が環境側にあることは確かです。その意味ではダーウィニズムの本流をいく実験です。

これから述べます実験系は、不均衡進化理論のコンセプトに基づいて遺伝子操作をほどこし、人為的に変異率を上げて意図的に進化を加速します。理論が先行しているという意味でも、また高等生物にも同じ理論が応用できるという点においても、生物進化の加速を目的とした初めての試みであると信じています。

2　校正・修復酵素のしくみ

進化の加速を実現するには、まずＤＮＡ複製の精度を高めているメカニズムを知る必要があります。そして、複製精度を高めている分子メカニズムを人為的に壊して変異率を上げることによって、進化の加速という目的を達成することができます。

　不均衡進化理論にしたがって進化を加速するには、不連続鎖に偏って過度の変異を入れることが第一の条件です。そのためには、どの遺伝子をどのように変えれば目的が達せられるのか、その戦略を練る必要があります。

　では生物は、ＤＮＡの非常に高い複製精度をどのようにしてつくり出しているのでしょうか？どのような装置や機械にも誤りやエラーはつきものです。ＤＮＡの複製も例外ではありません。第３章で生物はＤＮＡ複製に伴って起こるエラー（塩基対合の間違い）を利用して進化していることを説明しましたが、あまりエラーが多すぎるとそれが原因で発生がうまくいかなかったり、ときには死を招くことさえあります。変異の閾値をはるかに超えてしまうような高い変異率は集団を消滅させる危険性をはらんでいますので、生物は二つの段階に分けてＤＮＡ複製に伴うエラーを修復しています。そして変異率を適切な高さに保つことによって遺伝と進化の微妙なバランスをとっていると考えられています。

　大腸菌ではＤＮＡポリメラーゼⅢ（polⅢ）と呼ばれる一〇個あまりのサブユニットからなる酵素複合体（ホロ酵素）がゲノムＤＮＡの複製を担当しています。polⅢの構成要素のうちαサブユニット（遺伝子はｄｎａＥ）がＤＮＡ合成を担当しています。このαサブユニットによるＤＮＡ複製では、一万塩基に一つぐらいの高い割合で塩基対のエラーが生じます。αサブユニットが起こす変異の大部分は一塩基置換、あるいは塩基の追加または欠損（塩基のフレームシフトを起こす）のいずれかで、進化に関係する重要な変異であると考えられています。

しかしαサブユニットが起こす変異率は大腸菌の自然変異率の一〇万〜一〇〇万倍にもなり、あまりにも高すぎます。そこで、polⅢのサブユニットのうち、エラーを修正する校正酵素の出番です。この校正酵素ε（イプシロン）の働きによって、複製の精度は一〇〇〇〜一万倍上昇します。校正酵素εをコードしている遺伝子はｄｎａＱです。

校正酵素εは短い塩基配列（一〜五塩基）のミスペアリングを発見すると、できたばかりの新生ＤＮＡ鎖の先端から3′→5′の方向（ＤＮＡ合成とは逆方向）へミスマッチ部分を含めて齧り取ってしまいます。そして改めて新生鎖の合成を開始することによってエラーを修復します。この酵素を別名、3′→5′エクソヌクレアーゼと呼びます。エクソは〝外側から〟、ヌクレアーゼは核酸分解酵素の意味です。校正酵素εの働きは、ちょうど書物のゲラ刷り段階における校正作業に似ていますのでこの名がつけられています。

ＤＮＡ合成酵素αと校正酵素εの共同作用で複製の精度はかなり上がりますが、大腸菌の自然変異率まで達するにはあと一〇〇〜一〇〇〇倍ほど精度を上げなくてはなりません。つまり、校正酵素εが見逃した塩基のミスマッチがまだたくさん残っていて、それらを修復する必要があります。

このミスペアリングの状態（鋳型鎖は正常だが、新生鎖に間違った塩基が入ってきて塩基の対合がうまくいかない状態）を前変異損傷ということは前に述べました。この状態で放置されますと、次のＤＮＡ複製で変異が永久に固定されます。そこで変異の固定を防ぐために、大腸菌では

mutSというタンパク質が前変異損傷を認識し、mutHタンパク質とmutLタンパク質が協力してエラーを修復します。このとき、鋳型鎖だけに存在する塩基のメチル化を目印にして、もっぱら新生鎖に入ってきた誤った塩基を修復します。最終的に校正酵素とミスマッチ修復の精度をあわせて九九・九九九％の複製精度が達成されます。一〇〇％ではないのかと思われるかもしれませんが、ミスマッチを完全に修復してしまっては進化の可能性を自ら封じてしまいます。ヒトの体細胞の場合では一回の複製につき、ゲノムあたり〇・〇一個ぐらいはミスマッチのままにとめておかなくてはならないでしょう。

大腸菌類（グラム陰性菌。グラム染色で染まらない菌類の総称）ではpolⅢという一つのホロ酵素が連続鎖・不連続鎖の両方の鎖の合成をおこないますが、グラム陽性菌とその他の生物においては、連続鎖と不連続鎖は別々のＤＮＡ合成酵素で複製されると考えられています。

不均衡進化論を発表した当時は、大腸菌以外の生物のＤＮＡ複製に関する研究は始まったばかりでほとんど情報がありませんでした。最近になって、酵母において連続鎖はＤＮＡ合成酵素ε（polε。大腸菌の校正酵素εとは別の酵素）で、不連続鎖はpolδ（デルタ）で合成されるという確実性の高い結果が報告されました。残念ながら今日にいたっても、ヒトを含む高等生物ではpolεとpolδのＤＮＡ複製における正確な役割は不明です。しかし両酵素がヒトゲノムＤＮＡの複製においても主役を演じていることは確実です。個人的には、ヒトを含むすべての真核生物（細胞内に核をもつ生物）は酵母型のＤＮＡ複製システムを用いていると考えています。

大腸菌ではDNA合成作用をもつαサブユニットと校正酵素εは別々の遺伝子にコードされていますが、グラム陽性菌と真核生物では、pol εとpol δともにDNA合成酵素の一部に校正作用を担当する領域をもっています。研究者によって意見は違いますが、これらの校正作用でDNAの複製の精度は一〇〇〜一万倍上昇すると考えられています。

変異の内的な要因として見逃せないのがDNAの新生鎖をつくる材料となる塩基（ヌクレオチド）自体が変化している場合です。たとえばグアニンは、活性酸素により酸化されると8オキソ・グアニンになり、通常のG≡CのペアだけでなくAともペアを組むようになるため、強力な変異原となります。老化や過労、病気、ビタミン不足など体力が落ちた状態になると、細胞内の活性酸素の濃度が上がり、ヌクレオチドのプールの中に8オキソ・グアニンが増えてきます。この変異グアニンを生むのは体内の条件（内因性）ですから、リスク低下のためには健康に十分注意する以外に方法はありません。

生体内では8オキソ・グアニンを分解する酵素とmutMタンパク質、mutYタンパク質が協力して変異が高まるリスクを回避していますが、分解酵素の活性が落ちると変異率が上昇します。その意味では生体は変異率をコントロールしていることになります。8オキソ・グアニンの進化に対する貢献度は不明ですが、進化に何らかの影響があることは確実です。

一般に、ヒトでは一日あたり細胞一個につき五万〜五〇万回変異が入るといわれています。変異の原因はDNAの複製ミスによる内的要因と、もろもろの外的要因によるものです。これらの変異が生殖細胞に起こった場合には進化の原動力としてのポテンシャルを秘めていますが、体細胞に生じたときには、老化やがんの原因にもなります。がん細胞が一個発生しただけで一命にかかわる場合がありますから、最終手段として細胞は自殺プログラムを発動し自ら死を選ぶことができます。これをアポトーシスと呼びます。

上にあげた複製に伴う変異のほかに多種多様な損傷がDNAに起こります。染色体のレベルではトランスポゾンやレトロウイルスの挿入、広大な領域の欠失や重複、逆位等があります。DNAレベルでは塩基の脱アミノ化、酸化、メチル化、脱塩基、塩基の並びの挿入や脱落等があり、これらの損傷は変異の原因になったり、DNA合成反応を阻害したり細胞に悪影響を与えます。さらに放射線や酸化によるDNA鎖の切断、同じ鎖の塩基同士や対合塩基間の架橋、塩基とタンパク質間の架橋等、ありとあらゆる損傷が起こりえます。

このような損傷にはそれぞれ特有の修復機構が働いています。染色体レベルの損傷には相同組み換えやその他の組み換えが効力を発揮します。DNAレベルの損傷の修復には、たとえば、メチル化などの修飾を受けた塩基をDNAから抜き取り相補的に正しい塩基と置き換える酵素反応が存在します。さらに数十個の不対合塩基を修理するヌクレオチド除去修復もあります。また二本鎖DNAがぷっつりと切断されたときには、裸の両端をくっつける反応もありますが、この修復法では塩基の相補性を利用できませんので、どうしても接着部位で変異が入りやすくなります。DNA複製に伴わないDNA損傷はどうしても変異を起こしやすいので、大なり小なり進化に影響すると考えられますが、その貢献度はほとんどわかっていません。

終わりに、紫外線によるチミンダイマーの形成とその修復について述べておきたいと思います。

チミンダイマーとは、—T—T—と並んでいるチミンが、紫外線を浴びて—TT—とくっついてしまったものです。紫外線は大気中に溢れていますので、特に直接紫外線に曝される皮膚では紫外線によるDNAの損傷を速やかに治す必要があります。直接消去法ではT-Tダイマーを物理的に開裂して元に戻します。またT-Tダイマーを含んだDNA鎖の一部を切り出し、相手の相補鎖を利用して修理する間接的な修復方法があります。このとき、校正活性を欠いた「誤りがちなDNA合成酵素」を使って修復し、作為的に変異を入れて新生鎖に再びTとTが横に並ばないようにします。つまり、無理やり変異を起こさせますので、何らかの形で進化に関係していることは想像に難くありません。

高等動物では遺伝に直接関係する卵子や精子は体内でつくられます。紫外線が生殖細胞の生産の場である卵巣や睾丸に届くわけではありませんから、紫外線の進化に及ぼす効果は無視してもよいでしょう。

以上述べてきましたように、DNAの損傷とその修復には多数のファクターがからんでいます。どのファクターを操作しても変異率の上昇は期待できそうですが、どのファクターをどのように変えればもっとも自然な形で進化を加速することができるか、だいたいの目安は立ったと思います。以下、具体的な実験例を示しながら進化加速の議論をすすめていきたいと思います。

3　奇跡の大腸菌変異体dnaQ49

不均衡進化理論の立場にたてば、不連続鎖合成の変異率を一方的に上げることができれば進化は加速されるはずだというアイデアはすぐに考えつきます。この理論を提唱した一九九〇年当時は、ＤＮＡ複製の研究はもっぱら大腸菌を使っておこなわれていました。私の最終目標は高等動物の進化の加速ですから、目的達成のためには時をまたねばなりませんでした。やがて酵母と哺乳類の培養細胞を材料にした研究がすすみましたが、現在に至ってもまだＤＮＡ複製機構の全容は明らかにされていません。

連続鎖・不連続鎖の間の変異率の差にふれた報告もありましたが、進化と関連づけた研究は皆無でした。実験結果の解釈もまちまちで、両鎖の間に変異率の差はないという結論をだす研究者もいましたし、変異率の差を認めたなかにも、連続鎖の方が変異率が高いという報告もあればその逆もあるといった状況でした。このように結果が一致しない理由の一つに自然変異率が非常に低いことが挙げられます。両鎖の変異率を測ることは思ったほど簡単ではありません。

一九九六年、共同研究者の岩城俊雄、今本文男らによって、大腸菌において不連続鎖の方が連続鎖より一〇倍強変異率が高いという結果が報告されました。綿密な実験計画は今本によって立てられました。この研究は進化を意識して、生きた生物を使って連続鎖と不連続鎖の変異率を別々に測定した世界で最初の実験です。このとき使った大腸菌がｄｎａＱ49と名付けられた高い変異を起こすミューテーター株でした。そもそもこの変異株は、関口睦夫研究室で培養中に普通より大きいコロニーをつくる株として偶然に発見され、その変異遺伝子が明らかにされていたものです。

ｄｎａＱ49には変異を調べるのに都合のよい性質があります。24℃のときの変異率はほぼ正常なのに、37℃では変異率が異常に高くなるのです。実は、この変異体は校正酵素εの遺伝子dnaQにアミノ酸置換があります。変異dnaQがコードするεタンパクは、24℃ではpolⅢホロ酵素のサブユニットとして組み込まれて校正活性を発揮できますが、37℃に上昇しますとεタンパクの形が異常になって、polⅢにうまく組み込まれなくなり、その結果、校正活性が失われると考えられます。校正作用が働かない37℃における高い変異率は、DNA合成酵素であるαサブユニットのもともとの変異（エラー）を反映していることになります。つまり、培養温度を上下することによって、変異率を上下させることができるという便利な生物です。

このように変異率を人為的に上げることによって連続鎖と不連続鎖の変異の比を求めることが可能になりました。とはいっても、両鎖の変異を別々に測るのは非常に困難な仕事です。なぜなら、分裂のたびに連続鎖で合成されたDNA鎖は次の複製では不連続鎖合成の鋳型になり、その逆のことも起こります。したがって分裂を重ねると変異の平均値しか求めることができなくなります。両鎖に入る変異の数を区別するためには、多くても数回ぐらいの分裂が終わったところで速やかに変異が入るのを止める必要があります。

変異が入ったかどうかは、モニター遺伝子（抗菌剤耐性の遺伝子）をもつプラスミドを使って測定します。モニター遺伝子は特定の変異が入ると耐性が回復するように工夫されていますので、復帰変異の数に応じて抗菌剤の存在下で生きていけることになります。

連続鎖に入った変異か、不連続鎖のものかを区別することは比較的簡単です。プラスミド上の同じ位置にモニター遺伝子を前後逆にして入れた二種類のプラスミドを用意すればすみます。たとえば、新生鎖にモニター遺伝子がコードされているケースで復帰変異が入ったとしますと、前変異損傷の状態で変異したモニター遺伝子の薬剤耐性が発現され薬剤存在下でも死なずに生きていけます。逆に、モニター遺伝子が相補鎖にコードされている場合には、前変異損傷の状態では復帰変異の発現はできないので、次の複製で変異が固定されるまで待たなくてはなりません。

この差を感知するために、温度感受性というｄｎａＱ49の特性を利用します。37℃の液体培養でｄｎａＱ49に前変異損傷を入れてやります。一回の複製が完了した時点で培養を止めるのが理想的ですが、実際には数回分裂するだけの時間（二時間）を待ちます。次に、このようにして変異を入れたｄｎａＱ49を、抗菌剤を含んでいる寒天培地上に薄くまき、変異がほとんど入らない24℃で培養します。固定された復帰変異をもったプラスミドを宿している菌と、復帰変異が前変異損傷の状態にあってもモニター遺伝子がコーディング鎖にある場合（抗菌活性のあるタンパク質はすでにつくられている）は複製してコロニーを形成することができますが、そうでないものは抗菌剤によって死んでしまいます。もちろん、復帰変異が起こっていないものは生きてはいけません。連続鎖と不連続鎖の区別は、プラスミドの複製開始点とモニター遺伝子の位置がわかっていますので問題なくできます。

このように、分子生物学の知識とトリックを駆使して初めて生きた大腸菌を使った不均衡変異の実験が可能になりました。しかしこれは、あくまでもミューテーターを使った、しかもプラスミド上の話です。自然の環境下で大腸菌が増殖しているとき、この実験が示すように不連続鎖の方が有意に変異率が高いかどうかはまだ不明です。

一九九六年の論文では不連続鎖の方が変異率は一〇倍強高いという結果でしたが、その後の実験結果を含めて総合的に判断しますと、両鎖の変異率の差は少なくとも一〇〜一〇〇倍はあると考えています。

4　驚異的な耐性の発現

プラスミドを使った上記の実験から、幸いにも大腸菌ｄｎａＱ49が不均衡変異を起こしている可能性が高いという結果が出ました。そこで、とりあえずこれを使って進化の加速実験を試みることにしました。この菌は37℃の培養では変異率が一〇〇〇〜一万倍になるといわれているにもかかわらず、野生型の大腸菌と同じスピードで成長します。この性質は進化の加速実験では特に大切な点で、変異率に比例して成長速度が落ちてくるようでは進化の加速実験の意味はありません。

一九九九年に、不均衡進化理論に基づく進化の加速実験の結果が共同研究者である田辺清司らによって発表されました。実験の手順は複雑なものではありません。

一晩中37℃でｄｎａＱ49を液体培養し変異を蓄積させます。この間に二〇〜三〇回ほど分裂をすると考えられます。翌朝、培養温度を24℃に下げ、抗菌剤を含んだ寒天培地の上に菌をうすく植えつけます。一昼夜24℃で放置し菌の成長を待ちます。この間、変異はほとんど入りません。一番高濃度の抗菌剤を含んでいる寒天培地で生えてきたコロニーを一つ選び、再び抗生物質の入っていない液体培地中において37℃で一晩培養し変異を蓄積させます。この「変異導入↓変異導入停止→抗菌剤選択」のサイクルをくり返し、死滅するまで漸進的に薬剤濃度を上げて適応進化させていきます。

対照実験には野生型の大腸菌を使い、変異の導入にはいろいろな濃度の変異原物質を使いました。変異原物質で処理しますと、連続鎖・不連続鎖には無関係に変異が入りますから、均衡変異導入のモデル実験の一つと考えられます。

結果はまことに目を見張るものでした。ｄｎａＱ49に対するペニシリンのＭＩＣ（成長を阻止する最低の薬剤濃度）は２μg／mlですが、わずか五回のサイクルで五〇〇〇倍の濃度の10mg／mlのペニシリンに対する耐性を身につけました。さらにサイクルを重ねていった結果、最高30mg／mlの濃度でも生きていける菌を取得することができました。実は、この濃度は薬品会社からペニシリンを購入するときの原液の濃度ですから、これ以上実験をすすめる意味がありません。変異を入れるための液体培養は５ml用の小型フラスコを使いましたから、このようなペニシリン超耐性菌が出てくる確率は予想以上に高いことがわかります。

なお、対照実験でのペニシリン耐性の最高値は100μg／mlで、サイクルをいくら重ねてもこの値を越えることはありませんでした。耐性獲得と薬剤濃度との関係は低く、実験によってデータはまちまちでした。

このようにしてペニシリン耐性を獲得したｄｎａＱ49（ＭＩＣ＝２０４８μg／ml）がペニシリン以外の抗菌剤に対しても耐性を示すかどうかを調べてみると、驚いたことに、ペニシリンの一種で新薬である第三世代セフェム系のセフォタキシムには耐性を示したものの、それ以外のクロラムフェニコール、テトラサイクリン、リファンピシン、ストレプトマイシン、ナリジクス酸、オフロキサシンという広く感染症に適用されている抗菌剤に対する耐性はまったく獲得されていませんでした。それどころか、やや感受性を増した例さえあります。

このような超薬剤耐性の獲得の原因として、一般的には膜の透過性の低下や薬剤排出ポンプの活性化といったメカニズムが考えられますが、ペニシリン系のみに耐性を示すということは、ペニシリンに特異的な機序への対抗手段が備わったものと結論できます。つまり、dnaQ49は加えられたペニシリンという選択圧にひたすら適応し進化した結果であることがわかります。

そこで、選択圧となる薬剤をペニシリン以外の抗生物質に替えたところ、やはり同じような結果が得られています。獲得された薬剤濃度の最高値を示しますと、ストレプトマイシンは20・6mg／ml、ナリジクス酸7mg／ml、オフロキサシンでは3mg／mlという結果です。いずれの濃度も過飽和の状態ですから培地中に抗菌剤の結晶や小さいかたまりが現れていますが、dnaQ49は平気で生きています。まだ調べていませんが、ほとんどすべての抗菌剤にたいしても同じような結果が得られると思います。

オフロキサシンは私が勤めていました旧第一製薬の主力製品の一つでしたから、多くの臨床データが入手できました。論文を発表した年には、キノロン系抗菌剤（ナリジクス酸やオフロキサシン）が経口抗菌剤としてワールドワイドに使われはじめてから三〇年以上も経過していましたので、世界中の患者からキノロン耐性大腸菌が分離され、どの遺伝子のどの領域が抵抗性に関するものであるかといった遺伝子レベルの情報がかなり集まっていました。つまり臨床現場で得られたこの耐性菌は、自然環境下で、野生型の大腸菌が進化したサンプルというわけです。

当時の臨床サンプルにおけるオフロキサシンの耐性最高記録は100μg／ml（野生型大腸菌のMICは0・0156μg／ml）と記憶しています。私たちもオフロキサシン耐性を獲得しつつあるdnaQ49の中からMICが0・25、4、16、128、256μg／mlのものを採取し、キノロン系抗菌剤の作用点と考えられている二つの遺伝子gyrAとTopo Ⅳ（どちらもゲノムDNAの形状保持に関わる遺伝子）において耐性に関係すると考えられる領域の変異を調べました。

すべてのdnaQ49サンプルでgyrAの83番目のアミノ酸セリン（TCG）がロイシン（TTG）に一塩基置換で変わっていました（傍線が新しく置換した塩基）。この置換アミノ酸の位置は、臨床サンプルで得られた知見とまさしく一致しました。臨床サンプルでも83番のセリンに起こった変異が耐性獲得のキーとなることがわかっていたのです。

次にTopo Ⅳ遺伝子を調べると、MIC＝128と256μg／ml耐性のdnaQ49において80番目のセリン（AGC）が一塩基置換でアルギニン（AGA）に変わっていました。この位置も臨床サンプルでキノロン耐性が観察されたものとまったく同じ場所のピンポイントの置換です。この変異は16μg／ml以下の耐性株では見られませんでした。このように臨床例で観察されたキノロン耐性に関係する二つのアミノ酸にピンポイントで置換を起こしていました。しかも置換の時間的順序も臨床サンプルと同じで、gyrAの83番目のセリンが最初に置換してから、続いてTopo Ⅳの80番目のセリンの置換が起こっていました。

さらに驚くべきことは、上記以外の変異がまったく見つからなかった点です。一つのdna

Q49サンプルでトータル三〇〇塩基を調べました（高濃度耐性株では複数のサンプルを採取してそれぞれ三〇〇塩基を解読）。三〇〇塩基対のなかには同義置換やアミノ酸が変わってもタンパク質の活性に影響しない中立の変異もあってしかるべきでしょうが、まったくありませんでした。不思議といえば不思議な結果です。つまり、上記の二つの置換した塩基は変異が非常に入りやすい場所、いわば強力なホットスポットである可能性があります。そうとでも考えなければ、まるで抗菌剤の攻撃をあらかじめ予測していたような無駄のない変異の入り方です。

もしかすると、臨床の場で三〇年もかかって起こった変異の歴史を、わずか二サイクルの実験で短縮してしまったのかもわかりません。それもきわめて忠実に。なお臨床サンプルでは私たちが調べたDNA領域に関していえば、上記のアミノ酸以外に六カ所のアミノ酸置換が報告されています。おそらく何らかの形でキノロン耐性に関わっているのでしょう。

今となっては思い出話になりますが、第一製薬の研究所の会議で次のような発言をしたことがありました。dnaQ49のオフロキサシンに対する強い耐性獲得の過程は、キノロン系抗菌剤に対するさらに強い耐性獲得にはいかなる変異が必要なのかという未来の遺伝子型を示している可能性がある。よって、先回りして耐性を獲得した原因遺伝子を解析して新規抗菌剤のデザインに役立ててはどうか、という意味の提言をしたのですが軽く一蹴されてしまいました。人為的に異常に高い変異率をつくり出す実験なんて、創薬の現場では何の意味もないからとのことでした。私は説得する気力を失ってしまい、あえて抵抗しませんでした。逆にこの実験結果から、校正酵素を失活させることに進化加速実験の道を見出したように思えました。

5　不死DNA鎖仮説

この大腸菌の進化実験はうまくいきましたが、わからない点も残りました。

実は、大腸菌のゲノムは環状で一つの複製開始点から両側に向かって同時に複製がすすみます。複製開始点のちょうど反対側まで複製がすすむとそこでゲノムの複製は完了します。したがって、ゲノムの半周は連続鎖で残りの半周は不連続鎖で合成される。つまり、不連続鎖に偏って変異が集中しても、ゲノム丸ごとの元本保証はなされていないことになります。それでもdnaQ49は高変異状態で野生型と変わらない速さで成長しますし、高い適応進化能力も発揮しました。なぜでしょうか?

いろいろ考えているとき、二〇〇三年六月二十日、ケンブリッジ大学の旧友ガードンを訪問する機会がありました。市内のレストランで夕食をごちそうになったとき、不均衡進化論の話題になりました。「ところで、不均衡進化理論とジョーン・ケアンズの〝不死DNA鎖仮説〟とは関係ないのですか?」とガードンが質問しました。私は即座に「関係ないと思いますよ」と答えましたが、帰国してから、ひょっとしたら関係があるかもしれないと考え直し、すぐにその旨ガードンにメールを送りました。

ケアンズは〝さすらいの科学者〟という異名をとる優れた研究者です。当時はオックスフォード市内の小さなベンチャー企業に在籍していました。ときどき人をあっといわすような仕事をしますが、決して一カ所の研究室に定住しない人物です。連絡先はガードンから教えてもらいましたが、まだ議論の機会がありません。

彼の〝不死ＤＮＡ鎖仮説〟というのは、一九七五年にネイチャー誌に発表されたもので、マウスの小腸上皮の幹細胞の研究から出てきた仮説です。

発生過程で、幹細胞が二つの娘細胞に分裂すると、一方は親と同じ幹細胞のまま、もう一方は分化が進んだ細胞へと不等分裂します。小腸上皮の幹細胞も、幹細胞と上皮細胞になります。後者はさらに分裂をして増えながら腸の上皮をつくり、最後は腸管の内部に脱落してしまいます。小腸上皮細胞の新陳代謝は非常に頻繁で、いわば皮膚細胞に似ています。

腸管上皮に分化した細胞は何度も分裂して増殖しますから、常に新しいＤＮＡ鎖をつくることになり、変異のためにがん化する恐れが出てきます。ところが一定期間で必ず脱落し、幹細胞からの新しい細胞に更新されますから、たとえがん化しても危険性は少ないと考えられます。

一方、幹細胞の方は一生同じ位置にとどまって分裂をし、上皮細胞を生みつづけなくてはならない運命にあるのでがん化のリスクを避ける工夫が必要です。そこでケアンズは幹細胞の各染色体ＤＮＡのどちらかの鎖が幹細胞側に錨を下ろしていて、幹細胞が分裂をくり返してもいつも同じＤＮＡ鎖を幹細胞側に確保しているのではないかと考えました。古い鋳型鎖を幹細胞にキープしておいて変異が幹細胞に固定される確率を下げているという理屈です。つまり、幹細胞は染色体ＤＮＡ鎖の一本の元本を丸ごと担保しているという考えです。一九七八年にはセル誌に実験的証明が報告されています。この考えがｄｎａＱ49の元本保証の説明につながるのでは、とぴんときました。

ｄｎａＱ49は45℃になると死にます。私はその理由を変異εがpolⅢホロ酵素にまったく組み込まれなくなり校正活性がストップして変異がゲノムにたまり過ぎるからだと思っていました。また、45℃ではεがＤＮＡ複製酵素（ホロ酵素）に組み込まれないために、ＤＮＡ複製そのものが止まってしまった可能性も考えられました。しかし、校正酵素εをコードしているｄｎａＱ遺伝子を完全にノックアウトしてしまって校正活性がなくなってしまった大腸菌も、変異率は非常に上がっているはずですが、野生型の八割ぐらいの速さで成長することができます。となると、ｄｎａＱ49が45℃で死ぬのは過剰変異や複製の停止のためではなく別の理由だと考えられます。

さらに、グラム陽性菌（グラム陰性菌である大腸菌と違って、高等生物と同じように、連続鎖・不連続鎖は別々の合成酵素で複製される）の不連続鎖合成に関わっていると考えられているpolδを、校正活性を失活させた変異polδの遺伝子とそっくり入れ替えた変異体があります。この変異体は変異率が異常に高いにもかかわらず、成長速度は野生型とほとんど変わらず、ｄｎａＱ49のように強い適応進化能力があることがわかりました。この結果は、環状ゲノムの半周に変異が偏って入っても、ゲノム全体の元本は保証されていることを強く示唆しています。つまりこの例は、ｄｎａＱ49を高変異状況（37℃）で培養したときと本質的に同じ状況にあると考えられます。ｄｎａＱ49の中で一体なにが起こっているのでしょう？

ここでケアンズ説の登場です。実は、染色体がひも状であれ環状であれ、ゲノムが一つの染色体からできている細菌の場合には、ケアンズの不死ＤＮＡ鎖仮説が有効なのです。

図６－１をごらんください。ここでは大腸菌の環状ＤＮＡを複製開始点の反対側で切って棒状

のゲノムとして表しています（図6－1の左上）。大元のDNAの中央に複製開始点があり、上下の小さい矢印は複製の方向を示しています。上半分をaレプリコアー、下半分をbレプリコアーと呼ぶことにします。DNAの鎖を表す太い矢印は鋳型鎖を、細い矢印は新生鎖を示しています。変異は一回の複製について不連続鎖にのみ二個入ると仮定します。

新生鎖に入った変異は前変異損傷としてそのまま修復されずに残るものとすると、次の複製で初めて変異として固定されます。前変異損傷は短い横棒のついた小さな白丸（○）で、固定された変異はDNAの二本鎖を貫いている長い横棒のついた黒丸（●）で示しています。また附番が違えば異なった変異を意味します。図6－1では三世代までの家系図が描かれています。

前変異損傷を真の変異とみなさないとしますと、一度現れたゲノムの遺伝子型は永久に担保されています。またレプリコアー単位で見ますと、一度固定された遺伝子型は永久に担保されています。たとえば、＊印を付したゲノムの系譜をごらんください。このケースでは1aと2aだけに変異が入ったゲノムが永久に担保されています。特に、aレプリコアーは1a、2a以外、将来ずっと前変異障害も入ることはありません。左右両端のDNA鎖の系譜をゼロ世代から第三世代まで追っていきますと、大元の古い鎖がそのまま子孫に受け継がれ、ケアンズの不死DNA鎖モデルとまったく同じであることがわかります。

このように、連続鎖／不連続鎖間の不均衡変異方式とケアンズモデルの相乗効果とにより、遺伝子型の元本は保証されていますので、「元本保証された多様性の創出」のパフォーマンスは十分に発揮されていると結論できます。

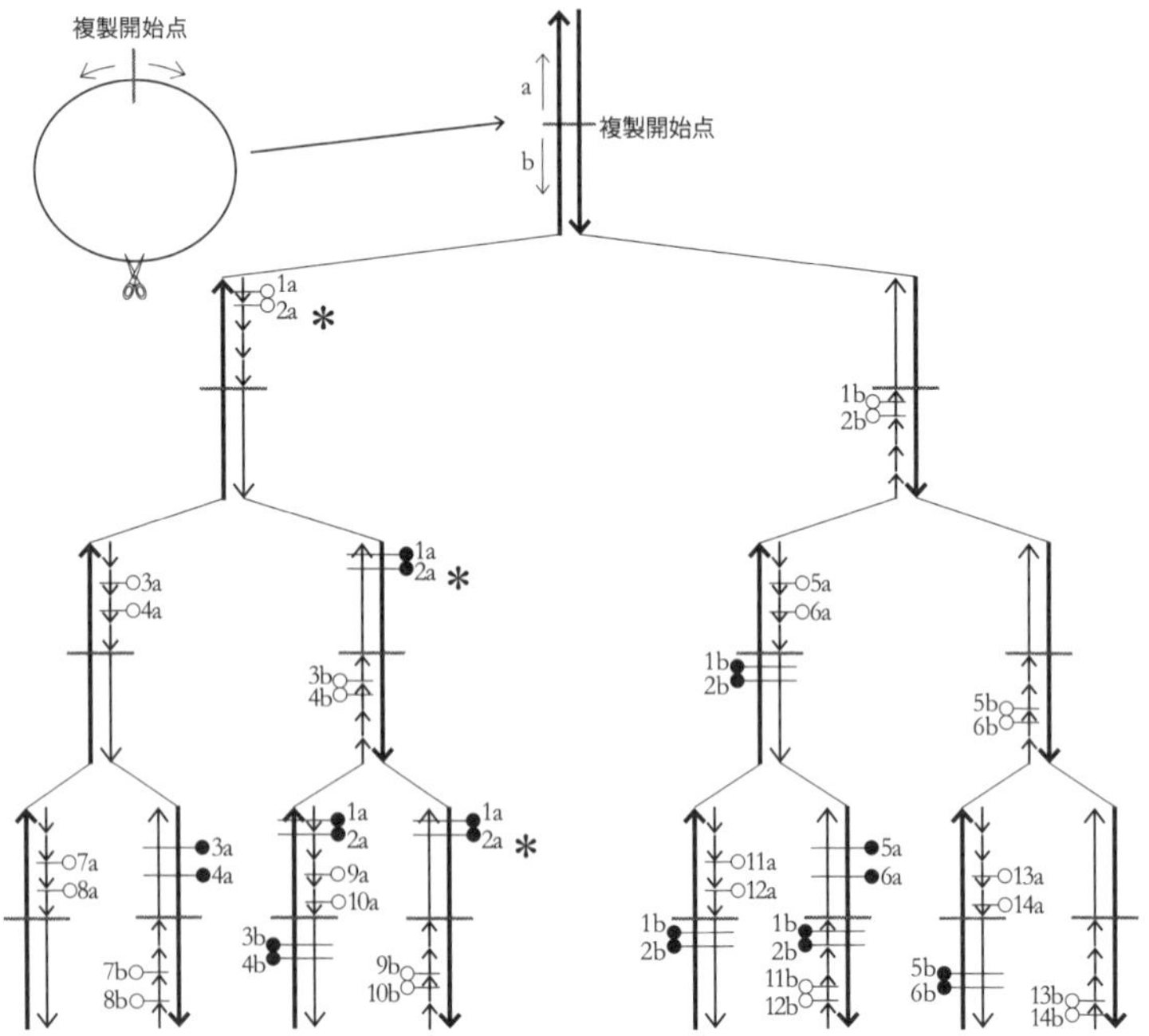

図 6-1　大腸菌レプリコアー単位の家系図

ｄｎａＱ49のすばらしい適応進化能力を理解するには、現在の段階では図６－１の説明が一番妥当だと考えていますが、変異の解析がすすめば、また違った考え方もでてくるかもしれません。

６　変異の入りやすい場所

大腸菌ｄｎａＱ49ミューテーターを使った連続鎖・不連続鎖間の変異率の差を調べた実験の結果と、各種抗菌剤に対するｄｎａＱ49のきわだった耐性獲得能力を証明した実験から私たちは多くのことを学びました。

大腸菌が複製するときに働く校正機能のベールを剝がすと、その裏に隠されていたＤＮＡ複製ホロ酵素polⅢのαサブユニットが生み出す変異の正体を明らかにすることができました。αサブユニットが生み出す変異の頻度は非常に高く、しかも、ゲノムＤＮＡの複製においても不連続鎖の変異率は連続鎖のそれにくらべて有意に高い可能性があることが示されました。

校正機能が正常に働いている野生型の大腸菌では、連続鎖・不連続鎖間の変異率の差はおそらく一〇〇倍以上になるものと予想されました。実際に野生型の大腸菌を宿主に、ｄｎａＱ49のときと同じ変異差検定用の二種類のプラスミドを使って実験をおこなったところ、数字の値が実験によって大きく揺らぐものの、両鎖の変異率の差が一万倍を越す場合もありました。この数値の大きな揺らぎの原因は、宿主の大腸菌のＤＮＡ複製精度が高すぎて検定範囲を越えているからです。これらの結果から、どうやら自然界でも大腸菌のゲノムＤＮＡの複製に伴って起こる変異は不連続鎖に偏っていると考えてよさようです。しかし、変異率が十分低いときには、野生株で変異がランダムに入った場合でも元本が保証されますので、不均衡に変異が入った場合とくらべても「元本保証」の効果には差がありません（図４−６のｃ、ｄ参照）。

ｄｎａＱ49の各種抗菌剤に対する驚異的な耐性獲得能力は、明らかに校正酵素の失活が原因です。野生型の大腸菌を弱い選択圧のもとで飼い続けると、自然に変異率の高いミューテーターが出現することが報告されていますが（前述のレンスキーの実験）、これらは校正酵素が見逃した塩基のミスマッチを修復する酵素の遺伝子に変異が入っていることがわかっています。

さらにこのミスマッチ修復酵素を人為的に失活させた大腸菌ミューテーターは変異が高いにもかかわらず普通に成長します。したがってｄｎａＱ49の場合と同じように、polⅢのαサブユニットが生み出したもともとの不均衡な変異発生パターンがそのままの形で反映され、「元本保証された多様性の創出」を演じていると考えてよいでしょう。よって、ミスマッチ修復酵素活性が欠損した大腸菌の適応進化能力は相当に高いと思われます。レンスキーらがつくり出した大腸菌ミューテーターにおいて入る変異が不連続鎖に偏って入っているかどうかは不明ですが、ミスマッチ修復酵素の欠損による変異率の上昇は高々一〇〇〜一〇〇〇倍でしょうから、同じメカニズムであったとしてもｄｎａＱ49の適応進化能力の方が圧倒的に高いと考えてよいでしょう。

ここにきて最大の関心事は、校正酵素作用を欠いた大腸菌がはたして進化を加速しているといえるかどうかという点です。たしかに、進化が起こっていることを判定する基準など、どこを探しても見つかりません。では、ｄｎａＱ49で起こったことが単なるランダムな現象ではなく、進化が加速された結果だと、どうしていい切れるのか。

私の信念みたいなものですが、進化につながる変異を生み出す元は、何よりもまずpolⅢホロ酵素の構成要素の一つであるDNA合成活性をもつαサブユニットが生み出す変異だと考えています。なぜそういえるかというと、このαサブユニットによって、ゲノムに入る変異の〝場所〟と〝質〟が左右されていると考えられるからです。

dnaQ49の場合、変異はDNAの不連続鎖に集中して入ると考えられますが、その不連続鎖においても変異がランダムに入るわけではありません。dnaQ49のオフロキサシン耐性獲得実験から明らかなように、ゲノム上の塩基の並びとpolⅢとの相性で変異が入りやすい領域（ホットスポット）があると考えられます。このpolⅢαサブユニット特有の変異の入り方の〝くせ〟が進化にとってとても重要な役割を演じていると考えています。

前にもお話ししたように、DNA複製に伴って入る変異の大部分は塩基の互変異体が原因です。互変異体の生じる確率は細胞内の局所的なpHや周囲の塩基配列等によって影響されますから、変異の入りやすいホットスポットとそうでない場所ができるのはむしろ当然です。

DNA合成酵素とゲノムDNAを別々の生物からもってきて複製させますと、同じDNAでも変異の入る位置が違ってくることは「PCR」の実験でよく経験することです。また、同じ条件下でPCRをおこなうと、増幅させたDNAの同じ場所に変異が入っていることがあります。このように、DNAの塩基の並びと使用するDNA複製酵素の相性によって、変異の入る場所がある程度きまってくるのは当然といえば当然のことです。ある生物のゲノムDNAとDNA合成酵素は切っても切れない、まるで長く連れそった夫婦のような関係にあります。

［PCR］ポリメラーゼ・チェイン・リアクションの略。DNAの一定の領域をくり返し複製することによって、この領域のDNAを増幅させる目的で使う技術。どの生物のDNAであるかに関係なく、複製には抗熱菌からとられた熱耐性のDNA複製酵素を使う。

したがって、DNA合成酵素であるαサブユニットの構造を壊してエラーを起こさせ、進化を加速するという試みには賛成できません。実際、αサブユニットの遺伝子に変異がある大腸菌を培養しますと非常に多くの変異が入ります。しかし、せっかく進化に必要であると思われるホットスポットがあるのに、これを完全に無視してでたらめに変異を入れるような操作は、たとえ変異が不連続鎖に偏って入ったとしても自然に則したやりかたで進化を加速していることにはならないでしょう。まして放射線照射や変異原物質処理で変異を導入する実験においては、生物の改良育種という実用面を除いては、進化生物学的意味はほとんどないといってよいでしょう。

現時点においては、校正酵素を失活させることが進化加速の目的にもっとも則した方法だと考えています。それも校正酵素を完全になくしてしまってはいけません。校正作用をもつdnaQ遺伝子をノックアウトした大腸菌は死ぬことはありませんが、成長速度が落ちることをみても明らかです。おそらく、dnaQ遺伝子の産物であるεタンパクが存在しないとpolⅢホロ酵素の構造が歪んでしまってスムースに複製が進行しないのでしょう。

進化の加速を実現するためには、できるだけεタンパクの形状を壊さずに校正活性だけをピンポイントで失活させるようなやり方で変異を入れる必要があります。そのためには、校正活性に必須な領域のアミノ酸を一つだけ置換してその目的を達することができればベストです。

ｄｎａＱ49では正に331番目のアミノ酸、バリン（ＧＴＧ）がグリシン（ＧＧＧ）に一塩基置換によって変わっているために温度依存的に校正活性がなくなっています。私たちが変異の偏りを証明するために最初に選んだｄｎａＱ49は、偶然天から与えられた進化加速実験のための最高の生物であったというわけです。

それでは原点にもどって、遺伝子操作によって校正酵素を人為的に失活させて変異率を上げるという行為は、本当に文字どおりに進化を加速することになるのでしょうか？　これには多くのご批判とご意見があることは十分に承知しています。なかでも、進化の加速などナンセンスな考えで、進化生物学は過去に起こった出来事を対象にする学問であって未来の生物について云々するような学問ではない、というのが一番根源的な批判です。

しかし私は、進化の加速なくしては進化のメカニズムを知ることは不可能だという信念をもっています。つまり、進化を目の当たりに見ることができなければ進化は解明できないと考えています。

進化の研究を〝論〟から〝学〟に引き上げるためには実験的アプローチが絶対に必要です。進化を〝聖域〟から実験科学のレベルに持ってくるには新しい方法論の開発が必須です。その一つとして、進化の不均衡理論に基づいた、校正酵素の失活による進化の加速実験を提唱しているつもりです。私の凡庸な頭をひねっている限り、進化を加速する手段としてこれ以外によい方法はいまのところ考えつきません。

生命科学の分野では、ある考え方を証明しようとする場合、作業仮説を立てて実験をしますが、その考え方そのものを否定する作業仮説が机上で組み立てられるかどうかも、ポジティブな証明と同じくらい重要な作業だと思っています。その意味では、進化加速実験はやや出たとこ勝負の感があるのは否定できません。

別の表現をしますと、厳格な意味での対照実験を組み立てるのが不可能に思えるのです。あえて対照実験を考えますと、変異ｄｎａＱと何か別の変異遺伝子を組み合わせて連続鎖・不連続鎖に平均して変異が入るようにした大腸菌ミューテーターを準備したとしても、この生物はきっと死んでしまって実験には使えないでしょう。このへんに進化生物学の実験科学としての難しさがあります。

進化学はそもそも生物の歴史を研究する学問ですから、現存の生物の比較研究から進化を知るのには大きな限界があります。やはり時間を短縮して、生きている生物にこれから起こる〝進化〟の過程を観察できるようなシステムを構築すること以外に、進化のメカニズムを知る方法はないでしょう。ここに示した進化加速という方法論が正しかったかどうかは、きっと歴史が判定してくれるでしょう。

私自身は不均衡進化理論に基づいた進化加速実験の結果は、ある程度現存する生物の将来像を反映していると信じています。もちろん、実験結果がその生物の未来の姿を正確に表しているといっているのではありません。変異の入るタイミングや変異の起こる位置、環境の変化によって表現形質は大きく影響されます。しかし、その変化の過程を分析することによって、ゲノムの変異と表現形質の関係の一端でも解明されることを期待しています。このことが、進化のメカニズムを知ることにつながると考えています。

現在、進化の加速実験は、グラム陽性菌、酵母、動物の培養細胞等でおこなわれています。マウスもその候補です。ここに挙げた生物種を選んだ理由は単に技術的な理由からです。これらの生物では、クローニング技術で一度ゲノムから外に取り出した遺伝子を、再び元の生物のゲノムの正しい位置に戻す（ノックインする）ことができる数少ない生物であるからです。不均衡進化論の最初の論文を発表したときには、すでに進化促進実験にこれらの生物を使うことを決めていました。

発生遺伝学的研究が進んでいる線虫やショウジョウバエ、ゼブラフィッシュ、メダカ、発生学の分野でよく使われるアフリカツメガエルなどは遺伝子発現と発生との関係がよく調べられていますので、進化の加速実験に非常に適した材料なのですが、残念なことにノックイン実験ができないのです。

その後の進化加速実験にはすべてpol δの校正活性を失活させたミューテーターを使うことにしました。pol δを選択するのには相当の決断力が要りました。といいますのは、実験を始めた当時は、pol δとpol εのどちらが不連続鎖の合成に関与しているのかほとんど情報がなかったからです。

今から思えば本当にラッキー以外のなにものでもありませんが、現在では、少なくとも酵母においてはpol δがもっぱら不連続鎖の合成をおこなっていることがほぼ確実になっています。おそらく、酵母で起こっていることは大方の真核生物でも起こっていると考えてもいいでしょう。polδとpolεの両方をテストすればそれですむのではというご意見もあるでしょうが、進化の道にすんだのはなにせ定年退職間際でしたので、スタッフも研究費も時間的な余裕もなにもかも十分ではなく、見切り発車をする以外に道はなかったのです。

7 哺乳類の進化は加速した？

真核生物である酵母やマウスを使って、polδの校正酵素の活性をなくしてしまうことで進化を加速しようと決心したことはすでに述べました。そのように決めてはみたものの、心のうちは不安で仕方がありませんでした。もし不連続鎖の合成がpolδでなくてpolεによっておこなわれていたら、貴重な時間を使って実験している研究者に無駄足を踏ませてしまうことになります。かといってpolεの遺伝子を実験生物からあらためてクローニングするとなると、また多大な時間がかかります。変異を入れたpolε遺伝子の準備ができたとして、はたしてノックイン実験が成功して、野生型の遺伝子とうまく置き換わってくれるだろうか？　もしかすると不連続鎖の合成にはpolδとpolεの両方の遺伝子が関わっているのではないか？　実際にそのような情報もありました。次から次へと悩みの種は尽きることはありませんでした。

そうこうしているうちに数年がまたたく間に経ってしまいました。会合や講演会で酵母の複製機構を研究している知人に会うたびに、polδと不連続鎖との関係が明らかにされたかどうかを何度も尋ねていましたが、「いや、まだなんともいえませんね」という返事のくり返しでした。

ところがちょうど酵母の〝見切り発車実験〟が佳境に入った頃でした。この悩みが一挙に吹き飛んでしまうようなメールがとびこんできました。二〇〇五年十二月七日から四日間、九州大学で開催された第二八回日本分子生物学会に出席した研究者からのものでした。そのメールには、宮田隆のグループの加藤和貴らによる分子進化に関するポスター発表の内容がかいつまんで説明されていて、pol δが進化に関係があるらしいと書かれていました。

それを読んだとき、一瞬、熱いものが体じゅうに走るのを感じました。同時に、肩の荷が下りた感じがして本当にほっとしました。やっぱり判断は間違っていなかったようです。

加藤らは哺乳類の分子時計の進み具合が、他の脊椎動物よりも有意に速いことに常々疑問をもっていたようです。分子時計が絶対的なものであるならば、脊椎動物の間では同じスピードで時計が進むはずです。そこで、軟骨魚類、肺魚、シーラカンス（生ける化石魚類）、爬虫類を含むさまざまな脊椎動物について、いまやお馴染みのpol α、pol ε、pol δの遺伝子の塩基配列があらたに決定され、すでに知られていた他の脊椎動物のデータと合わせて比較されました。

これら三つのDNA合成酵素が選ばれた理由は、ゲノムの複製に主要な役割をはたしているからです。pol αは連続鎖と不連続鎖の合成を先導する短いプライマーRNAとDNAの合成に関わり、pol εは連続鎖の、pol δは不連続鎖のDNA鎖合成をおこなっていると考えられています（私にとってはここが一番問題なのですが）。なお、pol αは大腸菌のpolⅢのαサブユニットとはまったく別の酵素です。

彼らは、哺乳類の進化速度（アミノ酸の置換速度）が他の脊椎動物にくらべて速いのは、DN

A複製の際の変異率が高いからではないかと推測していました。

彼らによって示された結果は、私にとってこれ以上ないほどエキサイティングなものでした。polδのDNA合成に直接関わっている触媒サブユニット（polδを構成する複数のサブユニットの一つ）の塩基配列を決定し、分子系統樹が作成されました。その結果、哺乳類と爬虫類が分岐したのち、哺乳類の系統でpolδの触媒サブユニットを構成するアミノ酸配列の保存度が際だって低下していることがわかりました。一方、polαやpolεにはそのような傾向が見られなかったのです。すなわちこの事実から、哺乳類は爬虫類と分かれてから、polδのアミノ酸構成がしばしば変わったために変異率が上昇して進化が加速されたというシナリオが描けます。

さらに、哺乳類のpolδに何らかの機能上の変化が起こったのかを確かめるために分子進化学的解析がおこなわれました。その結果、驚くべき事実が発見されました。

polδの触媒サブユニットについて各アミノ酸の座位ごとの保存度を評価したところ、哺乳類の系統におけるアミノ酸保存度の低下は配列全体にわたって見られましたが、なかでも、校正機能を担っている3′→5′エクソヌクレアーゼ領域と、立体構造上その周辺に来るアミノ酸の座位において、物理化学的性質の異なるアミノ酸への置換が哺乳類の系統においてのみ数多く蓄積していることがわかったのです。つまり、置換されたアミノ酸の種類から、校正酵素（3′→5′エクソヌクレアーゼ）活性が劣化させられている可能性の高いことが推察されます。そして魚類のpolδとpolεのアミノ酸を比較した結果、置換度が低いことが確認されました。これらの結果を総合して、polδの忠実度は哺乳類の系統で低下した可能性がある、すなわち、polδによる複製は変異率が高まっている可能性があると結論づけたのです。鳥類においても、哺乳類とまったく同じような結果が得られ、鳥類が分岐してから進化が加速された可能性が示唆されています（加藤氏私信）。

彼らはさらに続けて、DNA合成酵素は生殖系列における突然変異に直接関係するという点で、分子進化学的にきわめて興味深いタンパク質であるから、DNA合成酵素におこった変異が、他のすべての分子の進化速度に影響している可能性があると論じています。

このように、進化の加速を駆動する分子機構を求めようとして純粋に理論的な考察から演繹された結論と、かたや分子進化学的実証研究から導かれた推論とが、二万を越える遺伝子のなかのたった一個の遺伝子のしかもごく限られた領域に期せずして収斂したのです。このような一致はとても偶然の所産とは思えません。もちろん、このことから、pol δの校正酵素に起こった変異と哺乳類の進化の加速を直接結びつけることは早計に過ぎるでしょう。しかし、哺乳類の進化の過程でpol δの忠実度の低下が進化を速めた主な原因である可能性が高くなったのはたしかです。

現存する脊椎動物のなかで哺乳類の系統だけが、pol δの校正酵素の、それも活性に影響するようなアミノ酸置換が多いからといって、それが必ずしも過去の進化の過程での変異率の上昇につながるとは断言できません。しかし、哺乳類の進化の過程で何度も変異率が上がって、進化がスピードアップされてきたことは多分事実なのでしょう。しかも、pol δがもっぱら不連続鎖の合成に関わっていて不連続鎖だけに変異が偏って入っていたとしたら、まさに不均衡進化論を支持する強力な傍証になることには違いありません。

不均衡進化論の立場から、あえて擬人化した表現をしますと以下のようになります。哺乳類と鳥類は爬虫類と袂を分かってから、polδの校正活性を担う酵素タンパクに変異を入れることによってpolδの忠実度を下げ、不連続鎖にバイアスがかかった変異を多数つくり出し、「元本保証された多様性の創出」を演じて進化を加速してきたのではないか――。

現実に生きている哺乳類の体細胞の変異率は10^{-10}〜10^{-11}塩基／複製という非常に低い値だといわれています。現在の地球のように比較的安定な環境に棲む哺乳動物にとっては、変異率を上げて急速に進化する必要性はまったく見当たりませんから、この低い変異率は納得できます。

しかし、進化の途上にあった哺乳類は事情が違います。ときどき起こったであろう環境の激変に素早く適応するために、時に応じて変異率を上げ進化を加速する必要があったと想像されます。いく度か経験したであろう段階的な進化の加速の痕跡が、現存する哺乳類のpolδやその校正酵素の領域に塩基置換として刻まれていると解釈することができます。

すなわち、環境が変わればpolδの遺伝子に変異が入って忠実度が下がり進化が加速され、安定な環境に戻れば、再び変異が入って忠実度が上がり進化が止まる、のくり返しであったと想像されます。この意味では、リチャード・ドーキンスがいうところの、〝トップギア〟と〝停止〟しかない「不連続的可変説」を支持するような階段状の進化が哺乳類の祖先で起こっていたのかもしれません。

加藤らと私たちの研究はまったく別々のグループで独立におこなわれ、面識もなかったので、二〇〇五年に学会で発表されるまでお互いの動向を知るよしもありませんでした。しかしこれで、不安だらけで見切り発車した酵母の実験も、自信をもって落ち着いて進められる状況になりました。

正直いって、進化研究にたずさわってからこれほどうれしいニュースはありませんでした。いま原稿を書いている二〇〇九年の暮れにおいても、二〇〇五年の加藤らの報告が不均衡進化理論を支持する唯一の傍証であることには変わりがありません。

私たちが次にやるべきことは、理論を発展させることよりも、polδの校正活性を壊した生物を使って可能な限りの進化加速の実験をおこなうことです。それらの生物のふるまいを注意深く観察し、新しい表現形質をもった個体を純系化してその原因遺伝子をつきとめることにここしばらくは集中すべきだと考えています。そして、可能ならばゲノムの全塩基の配列を決定することが、不均衡進化理論の発展のための一番の近道だと思っています。ゲノムのデータが出そろってから理論の研究を始めても決して遅くはないと考えています。

8　高等生物の進化を早める

前節では、ヒトを含む哺乳類の今日の繁栄は、進化の過程で爬虫類と分かれてから哺乳類の系統にだけ、DNA複製の精度の低下が起こったことに根本的な原因があるのではないかというお話をしました。このような理論のすすめ方は、実は生物側に進化の原因を求めることを潔しとしないダーウィニズムの哲学にむしろ反するものです。私のように、最初から生物側に進化の要因を求めるという立場に立っているものからすれば、中立進化論の研究者の中心的なグループからこのような考え方が提唱されたのは一種の驚きであると同時に、非常に喜ばしいことだと思っています。

　生命科学のなかで進化は中心的位置を占めるべき課題です。誤解を恐れずにいわせていただければ、研究者の思想や哲学などはある意味でどうでもいいことなのです。もちろん研究者は思想や哲学を支えにして仕事をしているわけですが、最終的に重要なのは事実であって、思想や哲学ではありませんし、ましてどの学派に属しているかは問題ではありません。進化研究の世界では、どうも逆転現象が起こりがちのようです。要は進化の本質にどれだけ迫れるかだけが純粋に問われるべきなのです。かつてミチューリンやルイセンコとソビエト連邦の時の政府が犯した愚挙だけはくり返さないようにしなければなりません。

　余談はさておき本論に戻りましょう。いままで再三述べてきましたが、私の目的はただ一つ、高等生物の進化を目の当たりにすることです。歴史的には高等生物を使って実験的に進化を促進させようとした研究があります。私の印象に残っているのは、どちらもラマルクの獲得形質の遺伝を証明しようとしたものです。これには理由があります。ラマルクの説が正しいとすれば、新しい形質を獲得させることは実験的に可能であり、その成果が子供に現れるはずであるからです。

　その一つはオーストリアのパウル・カンメラーの実験で、なかでも一九二〇年代におこなわれたサンバガエルの婚姻瘤（こぶ）の実験が有名です。このカエルはほとんど陸上で生活し、交尾するときも陸上です。オスがメスの上に乗ってメスの腰をしっかりつかんで交尾をします。交尾時間は数週間の長きにわたる場合もあるそうです。しかし、このカエルをむりやりに水中で何世代も飼育しますと、やがてオスの手の外側にふくらみ（瘤）ができてきます。水中では交尾中にぬるぬるして滑りやいので、この瘤でしっかりとメスの体を捕まえるためだと説明されています。この新しい形質は遺伝します。

ここで話が終わっていたら万々歳なのですが、遺伝的変異なくして進化はないとするダーウィン学派の猛烈な反対にあい、カンメラーは標本になったカエルの手に墨を注射して瘤を捏造したという噂が流れたのです。ことはカンメラーの自殺という悲劇的結末を迎えることになります。

この実験が獲得形質の遺伝の証明になっているかどうかは別として、私は瘤の出現はおおいにありうることだと思っています。たとえば、サンバガエルの先祖は水棲で婚姻瘤をもっていたが、その後、生活域が陸に移ってから瘤の必要性がなくなり、ついに消失してしまった。しかし再び水中生活を無理強いされたことによって、いわゆる〝先祖がえり〟が起こったと考えられます。つまり現代のサンバガエルでは瘤をつくる遺伝子は存在していたが発現されていなかったと考えるのです。そうだとしますと、厳密な意味で獲得形質の遺伝ではありません。角の生えた馬や人の姿が描かれた絵画がありますが、あれも先祖がえりの一例かもわかりません。また、まれに複数の乳房の痕跡をもったヒトがいることはよく知られています、これは先祖がえりの実例です。いずれにしてもカンメラーの名誉のためにも追試験が絶対に必要でしょう。カンメラーが思想や哲学、学派間の争いの犠牲者でなかったことを祈るのみです。

もう一つの実験はオーギュスト・ワイスマンの〝ネズミのしっぽ切り〟の実験です。二二世代にわたってマウスの尾を切り続けても短い尾のマウスにはならなかったので、獲得形質は遺伝しないと結論づけられたのです。この実験はワイスマンともあろう人が、あまりにも生物を知らなさすぎます。ラマルクの主張は、適応の必要に迫られた結果、発達した形質のみが遺伝されるということですから、木でできた足を切って遺伝を研究したようなものだと、アンチ・ラマルク主義者からなじられたのも当然でしょう。この実験を追試験する気にはまったくなれません。

さて、私たちはまず酵母で実験することにしました。酵母は大腸菌と同じように単細胞生物ですが、細胞の構造はほとんど高等生物のそれと変わらないものがあり、細菌類とくらべるとずっとマウスやヒトに近い生物です。しかも培養も簡単で、遺伝学的研究が一番進んでいる真核生物です。

不均衡進化理論を発想したときから、酵母は進化の加速実験の候補に選んでいた生物です。選択圧はｄｎａＱ49のときに使った抗菌剤のような化学物質ではなく、もっと物理的にコントロールしやすい、温度とかpHのようなものを考えていました。ｄｎａＱ49のときに温度を選択圧として使わなかった理由は、ｄｎａＱ49自体が変異率に関して温度感受性であったからです。

酵母を材料にするには酵母の遺伝学の知識と技術をマスターしている必要があります。二〇〇二年の七月二十九日に大阪市立大学の下田親(ちかし)を訪れ不均衡進化理論の説明をしました。下田は酵母遺伝学の権威の一人です。昔、彼と私は大学院生と教員の関係にあり、大学紛争で理学部が封鎖されていたとき二人でよく学問の話をしました。そして、いつかは一緒に仕事をしてみたいと思っていました。

私の説明は一時間たらずで終わったと記憶していますが、すぐに、やってみましょうという結論になりました。実験のプランと実施は全部おまかせすることとし、研究費はネオ・モルガン研究所から出すことにしました。この研究所は、人のすすめで、二〇〇二年に私自身が設立したもので、進化的な方法で生物の改良を業とするバイオベンチャーです。

実験には出芽酵母（半数体）を用いました。幸いなことに、酵母の校正活性を壊した変異体は杉野明雄がもっていました。杉野はこれらの変異株を使った実験で、polδが不連続鎖の合成に関与していると主張していました。

杉野からは、polδ遺伝子の321番目のアスパラギン酸と323番目のグルタミンをそれぞれアラニンに置換して校正活性を壊した変異polδをもつ組み換え体酵母と、同様に校正活性を欠く変異polε遺伝子をもつ酵母を提供してもらいました。遺伝子のクローニング、変異導入、ノックインの手間が省けましたので、すぐに実験に移ることができたのは非常に幸運でした。

予測どおり、野生型、変異polδ、変異polεをもつ酵母の成長速度はほとんど差がありませんでした。この結果はこれら二つの変異株が進化加速実験に使えることを示しています。下田からすぐに朗報が届きました。普通、酵母は30℃で培養しますが、温度をゆっくりと上げていくと次第に成長が遅くなり最後には死んでしまいます。ところが校正酵素を欠くpolδをもつ酵母は、38℃を越したところで一旦成長は遅くなりますが、ゆっくりとさらに温度を上げていくと、40℃でも平気で成長するようになりました。熱めのお風呂ぐらいの温度です。いまのところこれが限界のようですが、高温順化実験を続ければもっと高い温度でも生育できる酵母が得られるかもしれません。本実験で使ったのと同じ酵母でいまだかつてこのような高温耐性株を獲った報告はありません。

このようにして、最終的に40℃でもコロニーをつくることができる温度耐性株が二株樹立され、遺伝解析に供されました。遺伝解析のためにはこれ以上ゲノムに変異が入るのを阻止しなければなりません。高温で生きている酵母を野生型酵母と交配し、変異polδを正常のpolδに置き換え、ゲノムに入った変異を固定しました。遺伝解析の結果、40℃の高温耐性には、二つないし三つの変異遺伝子が同時に存在する必要のあることが証明されました。その一つは比較的低い温度（38・5℃）の耐性に関係する劣性の新規の遺伝子 hot-1 であることがわかりました。40℃耐性になるには、あと一つか二つのおそらく劣性の変異遺伝子の参画が必要であるという結論です。

従来のような変異原物質や放射線による変異の入れ方では、一回の実験で一種類の選択圧に対して複数の遺伝子に、必要な変異が同時に発生することは確率的にいっても非常に珍しいことです。今回の実験のように、一回のしかも短期間の実験で、複数の耐性遺伝子変異を見つけることができたのは、世代を越えて連続的（進化的）に変異を入れる方法を採用したからに他なりません。

私にとって驚きだったのは温度耐性酵母でも遺伝学的解析ができた点です。変異を蓄積させている間は半数体ですから、性（交配）に関係する遺伝子群には選択圧がかかっていません。いわば中立の状態ですから、これらの遺伝子群に変異がどんどんたまっていって交配が不能になったとしても不思議ではないはずです。やはり変異にはホットスポットがあるのでしょうか？　この結果は二〇〇七年に下田、板谷有希子らによって論文発表されました。

温度耐性実験と並行して、ネオ・モルガン研究所においてもまったく同じ校正酵素を欠いた変異polδをもった酵母を用いて、他の過激な環境に対する適応性を調べました。実験は途中で止めていますが、これまでに得られたレコードを以下にお示しします。

苛性ソーダ（pH9→pH10・3）（矢印の上は野生型の最大許容値、下は進化の結果得られた変異体の最大許容値）、乳酸（3%→7%＝pH2・5）、ヘキサン（1%→10%）、イソオクタン（0・1%→2%）でした。さらに、二・六倍の速さで成長する酵母、ゼラチンを食べて成長する酵母、DNA分析用のアガローズの上で他のエネルギー源なしにコロニーをつくる酵母などが得られています。

このようにして環境に適応した酵母は、やはりおそらく複数の遺伝子の変異が関係していると考えられます。また、このミューテーター酵母は寒天培地の寒天を食べて生きていくように進化しますから、コロニーアッセイに寒天板を使うときには注意が必要です。

現在ネオ・モルガン研究所では、実用性を高めるためにpolδ遺伝子の他の変異点を使っています。さらに、あたらしいスクリーニング法のノウハウを蓄積し、品種改良の効率を上げることに成功しています。これ以上は会社の機密事項にふれますのでこのへんにしておきます。

［コロニーアッセイ］固形の培地の上に細胞を薄くまきそのまま放置すると、生きている細胞は増殖して目で見える集団（コロニー）ができる。死細胞や増殖できない細胞はコロニーをつくれないので見えない。細胞集団のなかで増殖可能な細胞の占める割合の算出や、細胞

の純化（クローニング）に使用される簡便な技術。

9　理論上の難題

さて、酵母の実験において強い適応進化能力が確認できたことから、マウスでもうまくいくのではないかという期待はあったのですが、実行に移すことをためらっていました。

その理由の一つは、マウスほどにゲノムが大きく、染色体が多い生物の場合、一本の染色体の上にＤＮＡの複製開始点が複数存在するため、単純な不均衡変異の原理では理論上解決できない点があったからです。

これまで不均衡進化論の原理の説明には主として図４－２ｂを使ってきましたが、この図は簡略化しすぎたために実際の生物の染色体ＤＮＡとは違っているところがあります。図４－２ｂでは、ＤＮＡの上端に一カ所だけ複製開始点をもうけていますが、実際の生物では長いひも状のＤＮＡの中間に複数の複製開始点があり、各開始点から両方向に同時に複製が始まります。

その様子をモデルで表したのが図６－２です。この図のＤＮＡは中間に二つの複製開始点（ori１とori２）があります。図６－２Ａは複製開始点の近傍を拡大したもので、中央にある上下を向いた二本の太い破線の矢印は複製の進む方向を表しています。このように、複製開始点を境にして連続鎖と不連続鎖の関係が逆になるのがわかります。

さて、複製開始点が中間に二つあるＤＮＡが不連続鎖に偏って変異が入る不均衡複製を重ねると変異の分布がどうなるか、その想像図が図６－２Ｂです。左横にｍとありますのは、ori１と

ori2の両複製開始点から複製が内向きに同時にスタートしたとき、複製作業が出会うところです。ここで複製はストップします。〈a〉、〈b〉等は複製の開始点から複製が止まるまでの領域を表し、これをレプリコアーといいます。一つのレプリコアーは連続鎖か不連続鎖のどちらかの方式で複製されます。短い横向きのバーは一塩基置換（変異）が起こった場所を示します。

この図から明らかなように、変異が集中するレプリコアーと変異が少ないレプリコアーが交互に現れるケースが目立ちます。つまり、変異のたまったレプリコアーと変異の少ないレプリコアーが交互にDNAのひもに沿ってモザイクを形成します。レプリコアー単位では不均衡進化理論の帰結である「元本保証された多様性の創出」を実現していますが、一本の染色体全体としては元本保証は実現されていません。

そこで、図6－2Bの一本一本の染色体が配偶子のDNAだとしたらどうなるでしょう。たとえば、1番と11番が交配して二倍体になれば（すなわち性があれば）、変異の集まったレプリコアーと変異がほとんどないレプリコアーがDNA全長にわたってちょうどうまい具合に対応することになり、表現型の元本は保証されます。つまり、メンデルの優性の法則によって変異遺伝子の表現型への発現が抑えられることになります。

表現型の元本保証効果を期待するには複製開始点の位置が固定されていることが必要条件です。今日でも高等生物の複製開始点に関してはほとんどわかっていないのですが、幸いにも主な複製開始点の位置は固定されていると考えられています。もちろん、図6－2Bの1と2や10と11の組み合わせ、あるいは5と6の組み合わせでは、同じ変異がホモになる確率が高いので、不利な

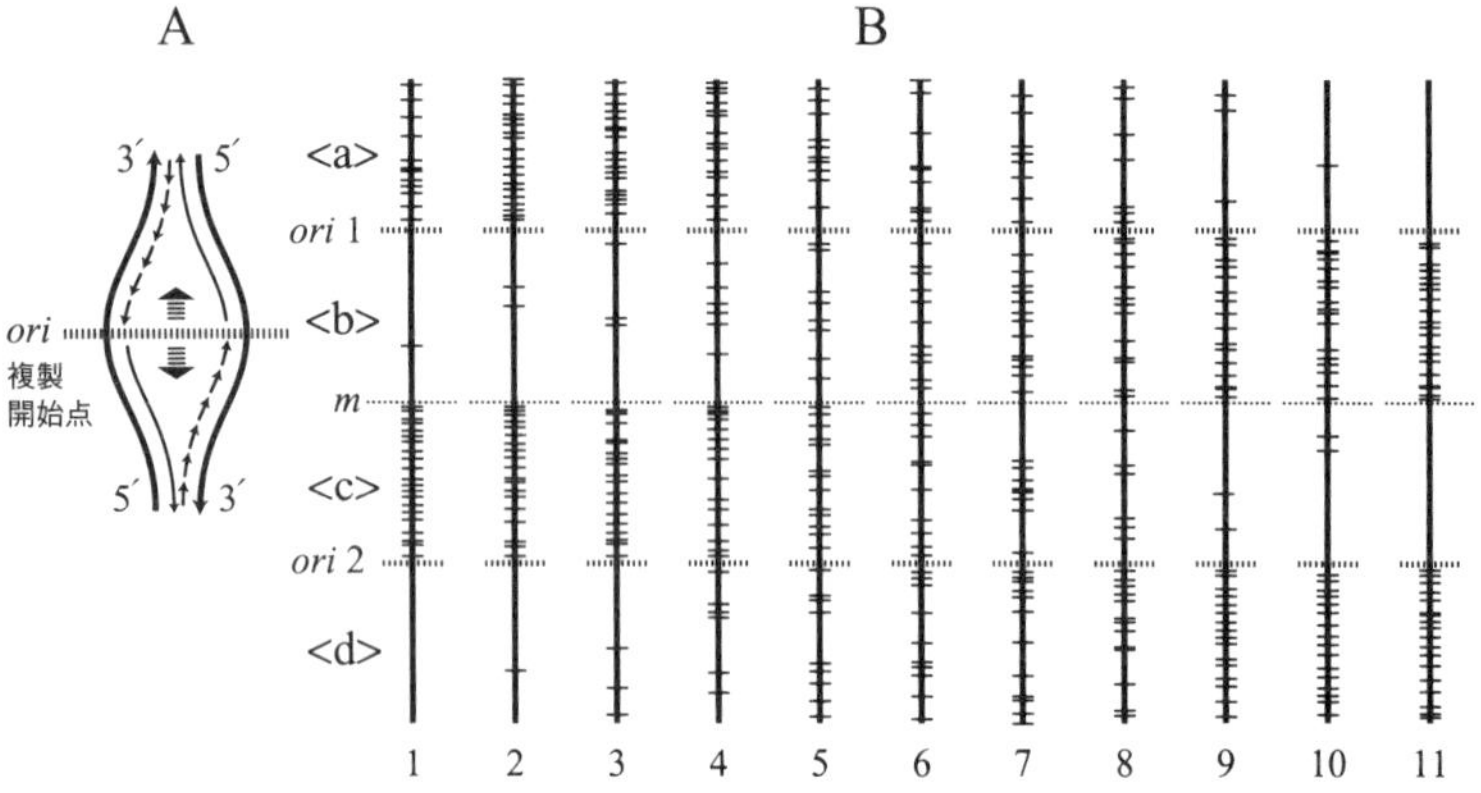

図 6-2　複製開始点が複数の場合のレプリコアーへの変異の蓄積

表現型が現れたり致死的になることもあるでしょう。

今の段階では、実際の生物で不均衡進化理論がより有効に働くためには性の存在が必要であるということはいえると思います。しかしまだ問題は残っています。細菌をのぞく動植物は数本から数十本におよぶ染色体をもっています。このような生物では、個体として完全に「表現型の元本保証」が実現されるような染色体の組み合わせを期待することは確率的には非常に低いといわざるをえません。

とはいっても、このアイデアを捨て去っているわけではありません。多細胞生物では生殖細胞の複製と変異が進化に関係しますが、生殖細胞系列の細胞で複製開始点がどうなっているのかという研究報告はありません。生殖細胞におけるDNAの複製様式の研究は始まったばかりです。最近の知見では、精子形成の過程では想像もつかないような複製様式が採られている可能性があるようです。また、細胞分裂の際の染色体の分配に一定の法則性があるという報告は大変興味があります。高等動物の生殖系の細胞においては、「表現型の元本保証」がなされるような染色体の分配がおこなわれている可能性も残っていると思っています。いずれにしましても、結論を出すにはもう少し時間が必要です。

10　マウスは進化するか

私がマウスの実験をためらっていたのは、前述の理論上の問題だけでなく、正直言いますと、自分の考えが目の前で否定されるのが怖かった一面があったことを告白します。もし、pol δの校正酵素ノックアウトがマウスにとって致死的だったらそれこそ万事休すです。私の生物学者としての生命は完全に終わりです。もうあとはありません。このような悲報はせめて老人ボケになってからにしてほしいと思っていたことも事実です。

そうしてためらっているうちに、二〇〇一年六月、ブラドリー・プレストンのグループのロバート・ゴールズビーらが、pol δの校正酵素を失活させた遺伝子をホモにもつマウスをつくったとの論文がネイチャーに発表されました。

彼らのミューテーターマウスは元気で子供を産みますが、世代が重なるにつれて、がんになって死ぬものが出てくるという報告でした。この実験系は私が考えていたものとそっくりです。彼らの実験結果はまことに満足に値するものでした。変異率が異常に高いにも関わらず、マウスはちゃんと生きて生まれてきて、世代をくり返すことができたのです。また、発がん性が高まるのは変異が入っている証拠でもあります。進化とがん化は裏腹の関係（進化がすすむ生物ほど、がんの発生率が高い）にあるとよくいわれます。

実験としては彼らに先を越されちょっと残念な面もありましたが、幸いなことに実験の目的が違っていました。彼らはもっぱらがん化に注目してミューテーターマウスを見ていますが、かなりの高い変異率をもっているはずですから、注意深く見ていれば、何らかの表現形質の変化が見られるはずです。個々のマウスの顔つきや表情がちがうかもしれません。これはきっと実験は成功するぞ、という確信をもつことができました。

ただ、もうひとつ非常に残念なことに、そのときすでに齢は七十に近づいていて、私自身のラボ（研究室）を持つことは不可能な状況にありました。それからのちは、ずっとどこかの研究室でマウスを使った研究がおこなわれるのをがまん強く待つ以外に方法はなくなりました。現在もその状況は変わっていませんが、近いうちに朗報がもたらされると期待しています。

もし、このミューテーターマウスが世代を重ねたら、カンブリア爆発のように、飼育室のなかでいろいろの形質をもったマウスが一挙に出現してくるのではないか、などと私は冗談めかして話すことがあります。本当にそうなるでしょうか？

その期待はあります。寿命や生活習慣病、生物の形や行動などの複雑な形質は一つの遺伝子ではなく多数の遺伝子によって決まりますが、このような量的な表現形質は驚くほど速く進化することがわかっているからです。

たとえばガラパゴスフィンチの嘴の形の進化がよく知られています。グラント夫妻のチームが長年にわたって観察したところ、短期間のうちに環境の影響を強く受けた変化を見せたといいます。その他二、三の例がありますが、トカゲの例を挙げておきましょう。

地中海の小島に昆虫を食べるシクラカベカナヘビというトカゲがいます。一九七一年に五つがいのトカゲを別の島に移し、二〇〇八年にベルギーのチームが調査したところ、驚いたことに、その子孫のあごが発達し、その結果頭が大きくなり、盲腸弁が発達して、完全に草食性のトカゲに変わってしまっていたのです。わずか三七年の間にこのトカゲは形質も行動も元の種とは違った生物になってしまったというわけです。

なぜこうしたことが起こるかというと、量的形質には各遺伝子間の複雑なエピスタシス（相互作用）がはたらいていること、形態形成（発生）においては遺伝子は初期値を与えるにすぎず、あとは自己組織的なボトムアップ型の効果が強く表れ、この過程で選択圧に対応する結果、見た目の変化は大げさに拡大すると考えられます。

最近、プレストンのグループがpol εの校正活性が欠失したマウスをつくったとの報告がありました。このミューテーターマウスは、pol δの校正活性欠失マウスとくらべると、発生するがんの種類がまったく異なっていました。このように、同じDNA合成酵素でも、酵素によって質的に違った変異がつくられていることが明らかになりました。

それが変異の偏りを意味するのか、それとも変異の質が異なるのか。その違いは表現形質にどのように反映されるのか。この二つの合成酵素の精確な役割分担の解明が待たれるところです。

以上が、不均衡進化論に基づいた進化の加速実験の全容です。

ネオ・モルガン研究所や会社と共同研究をしている研究機関では、細菌、真菌（カビ類）、藻類、植物、動物培養細胞等を使って進化の加速実験が進行中です。天然化合物の化学的修飾（分子育種）を含めた応用面の展開が期待される発見や基礎科学の領域で注目すべき結果が出ていますが、まだ公表する段階ではありません。中途半端な紹介で終わることをお許しください。

しかしなにせ問題は進化ですから、いくら加速したからといっても時間のかかる研究であることには違いありません。たとえば変異率を一万倍に上げたとしても、単純計算で進化時間が一万分の一にしか短縮されません。つまり一億年の進化の歴史を研究するには一万年にわたって研究を続ける必要があります。前にもいいましたように、進化したと思われる個体とその過程にあった個体の全ゲノムの塩基配列を決定することが最も大切なことだと考えています。

親友ヴォルフラム・オステルタークが二〇〇九年六月三日に送ってくれたメールに、「不均衡な変異が進化を促進する仮説を証明するには、ＤＮＡ複製酵素を知ることが絶対に必要です」と書かれていました。また、同じメールに「やるべきことはただ一つ、いつも前を向いて、未来に起こることに心をときめかすことです」とも書かれていました。親友のこのメールに勇気づけられて、これからも生物進化の謎を考えていきたいと思っています。

第3部

進化の意味と可能性

第7章
残された課題と不均衡進化論の未来

生物の多様性と生命現象の普遍性を研究し理解することが生物学の目的であるとしますと、生物学の原点は古代ギリシャのアリストテレスが生物を分類したことに遡ることができます。生物学に限らず、鉱物学や物理学を含めてすべての自然科学はものを分類することから始まっています。物を区別し種類分けをして理解しようとする行為は、おそらくヒトという生き物の本能ともいえる根源的思考パターンなのでしょう。

生物分類学の始まりは、ネコとイヌは一体どこが違うのだろう？　というようなだれもが抱く素朴な疑問だったのでしょう。では、近代生命科学はこの設問に答えることができるのかと改めて問いますと、残念ながら答えは否です。

分子生物学の発展に伴い、ゲノム情報（DNA）と表現形質との関係の理解はずいぶん深まりました。しかし、ヒトのような複雑な形態や機能をきめている遺伝的な基本共通原理はなにか？（What is the genetic basis of complex phenotypes?）といった種類の、ゲノム情報と形質に関する基本的な問いかけにはほとんど答えることができない、と最近米国で出版された非常に優れた進化の教科書『Evolution』にも明記されています。

このような状況になってしまったのは、ここのところ生命科学者があまりにもDNA中心に生命を捉えすぎたことが原因の一つだと思います。ところで、今日の日本や世界において、形態学の立場から個体発生の過程を講義する講座を開いている大学はどれくらいあるのでしょう。形態学という学問は、分子生物学のようにキットを買ってくれば新入りの学生でもすぐに実験にとりかかれ、運に恵まれれば一流誌に載るような論文が書けるような学問ではありません。徒弟制度的訓練と経験、そしてある種の芸術的センスが要求される分野です。それが証拠に、昔のすぐれた形態学者はみな絵が上手でした。現在のような教育システムが続くかぎり、ゲノム情報と形質との関係が解明されるのはずっとずっと先のことになるでしょう。

二〇〇八年のネイチャー誌に載った記事によりますと、ヒト同士のゲノムの比較研究が精力的におこなわれているにもかかわらず、簡単な形質を決定する遺伝子やよくある遺伝病の遺伝子の同定も非常に難しい状況にあるようです（*Nature* 456, 18-21, 2008）。たとえば、ある成人病に関する遺伝子が発見されたというニュースが大々的に報道されても、一〇年後にはそのほとんどが否定されるという状況がここのところずっと続いているそうです、もちろん、ヒトのゲノムの塩基配列は個人差が大きく、また近親交配ができないなど、遺伝学的解析の障害になるファクターが多すぎることが事態をより困難にしているのですが、研究発展の遅滞の裏には、ゲノム情報と形質の関係について、もっと本質的な問題が隠されているように思えてなりません。このことに関して、一つの問題を提起してみたいと思います。

1　ゲノム情報と実体の乖離

生物進化の途上で分岐が起こり新しい種が生まれたり、同じ種の内部でも個体間に形質の差ができるのは、ゲノムDNAの変異と組み換えが原因です。進化の主たる原因とされている変異に限っていいますと、どのような変異が、いつ、どの場所に入るかによってその個体の形質がきまります。言い換えますと、それぞれの変異はそれぞれにユニークな歴史性を背負っていることになります。「変異の歴史性」という言葉は私の造語だと思いますが、変異と形質の関係を論ずるときのキーワードだと思っています。

新しくゲノムに入った変異は、それがどのような種類の変異であっても、そのときの細胞を形づくっている構成物質やそれらの機能との間に生ずる複雑な相互作用をとおして、最終的に個体全体の形質になんらかの影響を及ぼすことになります。こうして起こる形質の変化は、普通はあまりにも微細なので感知されることはないでしょう。また、ゲノム上の変異の入った位置は、遺伝子間の相互作用（エピスタシス）を介してより直接的に形質に影響をあたえます。

たとえば特定の一〇〇〇塩基対からなるDNA断片の挿入というかなりドラスティックな変異を想像しますと、そのDNA断片が挿入される〝時〟（タイミング）と〝場所〟によって現れる形質が目に見えるほど違ってくることがあります。これが、ゲノムの情報と形質の関係を議論するときの基本的なスタンスです。

変異の入る「タイミング」によって形質の現れ方が違ってくるとなりますと、ヒトのゲノムの遺伝情報と、ヒトの容姿・体型・性格・体質等々は正確に一対一の対応関係になっていないことになります。つまり、ゲノムの塩基配列、すなわち遺伝情報の解析だけでは生物の実体である形質はわからないというめんどうな話になってきます。極端なたとえですが、ヒトのゲノムの全塩基配列は解読されていますが、ヒトを見たことのない研究者にとっては、いくらコンピューターを駆使しても、ヒトはどのような形をした生物であるのかを想像することは絶対に不可能です。ちょうど訪日の経験のない外国人が、日本国憲法を読んで日本の社会を想像するのと似ています。百聞は一見にしかず、です。

一歩すすんで、ヒトの全遺伝子産物（タンパク質）の生理作用やタンパク質の相互作用が完全に理解されたとしても、さらに発生過程における分子のふるまいが完全に記述されたとしても、ゲノム情報と形質の関係の大部分、特に細胞や体の構築のような高次の構造との関係は依然としてブラックボックスのままに残されることになります。

もちろん、ヒトゲノムDNAとすべてのタンパク質、エネルギー源、栄養素を試験管内で混ぜ合わせてヒトを合成することができれば、ほとんどの問題は解決されるでしょう。しかし、熱力学の基本法則に反するような空想科学映画まがいのことは起こりません。

この問題のありかを理解していただくために、一つの思考実験を考えてみました。図7－1をごらんください。

図7－1は変異の歴史性と形質の関係を説明するためにおこなった思考実験（机上実験）の模

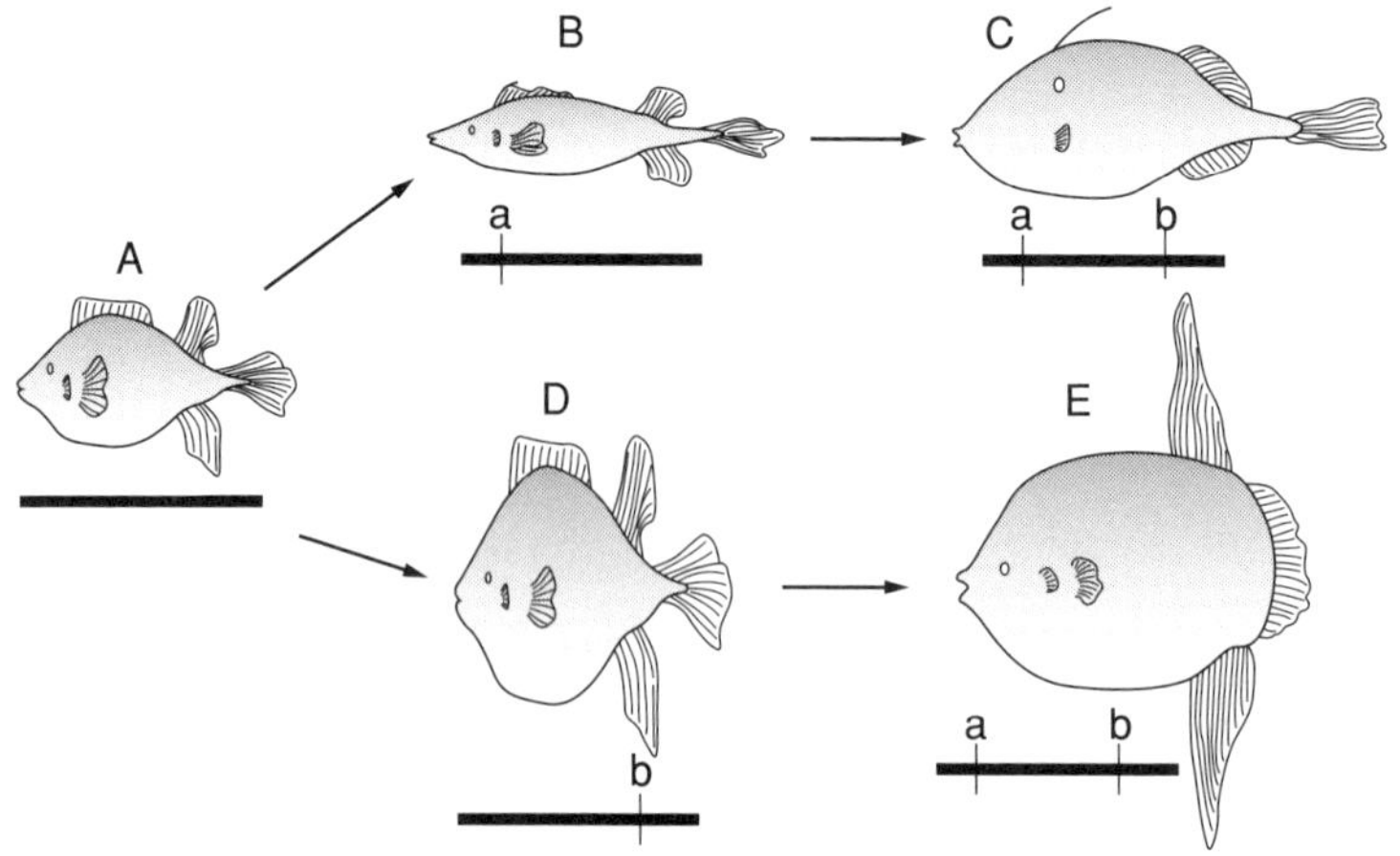

図7-1　変異の歴史性と形質との関係

式図です。一番左側の先祖型の魚Ａに、一つの変異ａが入ったために魚Ｂに進化したとします。同様に、魚Ａに別の変異ｂが入って魚Ｄに進化したとします。魚ＢとＤは共通の祖先である魚Ａから分岐した別種の魚です。この過程はよく進化の説明に使われている分岐の図と基本的に同じですから、納得いただけると思います。

次に、ある進化的時間が過ぎたのちに、すでに変異ａが入っている魚Ｂにさらに変異ｂが追加され、二つの変異ａとｂをもつ魚Ｃに進化するものとします（この変異ｂは、魚Ｄに入った変異と同じもので、ゲノムの同じ位置に入ります）。魚Ｃは魚Ａを祖先とする現在生きている新種の魚ということになります。

さて、同様にして、魚Ｄに変異ａが入りその結果新種の魚Ｅに進化したとします。魚ＣもＥも魚Ａから進化してきたものであり、ＣとＥの形態は違っています。このように共通の祖先から分岐して別々の道をたどって異なった種に分かれることは進化の基本的パターンです。ところが、形質が違っている魚CとEの遺伝子構成はまったく同じです。すなわち、どちらも変異aとbが同じ遺伝子座に入っています。これ以上新しい変異が加わらないかぎり、魚CとEは種として安定していて、この状況はこれから先もずっと続くでしょう。

ゲノムが同じなのに形質が違う、どうしてこんな奇妙なことが起こるのでしょう？　思考実験の組み立てそのものが間違っているのでしょうか？　結論から先にいいますと、進化の途上にあった二種類の魚BとDがそれぞれ別種の魚であったのが理由です。第2章のジュラシックパークのところでお話しした情報理論の言葉を借りていいなおしますと、「魚C、Eは同じゲノムをもっていても（情報は同じでも）、直近の先祖の魚B、Dの種が違うから（初期値が違うから）、形質が異なる（結果が異なる）」という理屈になります。

仮に、魚Aにa、b二つの変異が同時に入った場合には、CやEとはまったく違った種類の魚になるはずです（図には示してありません）。すなわち、魚Aは一足飛びにCやEの魚にはなれなくて、CになるにはBを、EになるにはかならずDを経由しなければなりません。つまり、同じ変異でも、その歴史性が異なれば発現する形質も違ってくることになります。これで、ゲノム情報と形質は一対一の関係にはなっていないことがご理解いただけたと思います。

実際に生きている魚を使って、図7－1のような実験をおこなった場合に、魚の体内でなにが起こるのでしょう？

魚Bはゲノムに変異aが入ったがためにB特有の形態になります。そのBのゲノムに新しく変異bが加わると、変異bの産物とB特有の表現形質との間で起こる〝闘争〟ともいうべき複雑な相互作用と、変異bと既存の遺伝子群とのあいだのエピスタシス効果とが総合され、形質に反映されます。その結果、魚Cという新しい形態をもった新種が現れます。Eという新種の魚も同じような経緯を経て進化します。

個体発生の過程で、生物の形態がつくられるときには、遺伝子の時間差的発現（差時発現）のように、ゲノムに最初から刻み込まれた情報によって厳密にコントロールされる側面と、細胞の分化のときの細胞内装置の改築や、形態形成における組織や器官をつくる際の細胞移動のように、遺伝子産物（タンパク質）の半ば自発的（自己組織化的）な反応によって進行する側面とがあります。この点に光をあてれば、ゲノムと形質は互いに独立した存在のようにふるまい、むしろ共生関係にあるといえないこともありません。現に、ゲノムが存在している核は、その昔、別の細胞に食べられ取り込まれたものだという説もあるほどです。

生命体をつくりあげている情報の大部分は細胞質側にあって、ゲノムに存在する情報は細胞質のそれとくらべると非常に少ないと考えてよいでしょう。細胞質の情報とは、間接的にはゲノム情報の産物ですが、細胞質自らが自己組織化によって自然につくりあげた構造体がもっている情報です。

現存する生物のように進化的に安定期にあり、比較的安定した形質ができている状態においては、ゲノムの変異に対して細胞質側（形質）は独立、かつ、きわめて保守的にふるまい、ゲノムの変異との折り合いはすぐについてしまうでしょう。もちろんゲノムの変異の影響力と細胞質側の自己保持力の兼ね合いで、形質に現れる影響は違ってきます。魚CとEは同じゲノムをもっているにもかかわらず、魚Cは直前の祖先の魚Bの形質に強く影響された形になります。同様に、魚Eは魚Dの形質に影響されて魚Cとは違った形態になります。

それでは、ゲノムが同じでも形質が異なる、という実験例はあるのでしょうか？　進化を意図した実験ではありませんが、この考えを支持するショウジョウバエを材料にした実験が一つだけ見つかりました。

インスレータ（絶縁体）と呼ばれるDNA断片を含むトランスポゾン（p要素）をショウジョウバエのゲノムのある位置に挿入します。インスレータはその両側に存在する二つの調節遺伝子の相互作用を遮断してしまいます。するとこれらの調節遺伝子で発現がコントロールされているレポーター遺伝子の発現が抑制されて、正常とは異なった発現パターンになります。発現パターンの変化は、胚を染色し、成体に現れる青色の縞模様の違いで確認します。ところが、この変異体のゲノムからインスレータを人為的に抜き取っても、この染色パターンは変化せず再び現れ、しかも子孫に遺伝したのです。つまり、インスレータDNAの「挿入—除去」という作業が入っただけで、同じゲノムを持ちながら形質の異なるものが生まれたことになります。厳密にはインスレータを抜き取る際に、トランスポゾンの一部のごく短いDNA断片がゲノムに残るのですが、多分結果には影響しないと考えてよいでしょう。この奇妙な実験結果は、図7－1に示した思考実験が、あながち絵空事だけにとどまるものではないことを意味しています。

図7－1に示した思考実験では、別々の個体で同じ位置に時間が前後して二つの同じ変異が入

るという、自然界ではほとんど起こりえない、非常に確率の低いケースを考えましたが、変異の歴史性と表現形質との関係の本質を理解するのには役に立つと思っています。

もうひとつ、別の視点から情報としてのＤＮＡを考えてみます。

十八世紀の偉大な哲学者イマヌエル・カントは、一次元の情報は一次元の現象しか規定できないと指摘しています。今ふうにたとえれば、一本のレールの上（一次元）を同じ向きに走っている二台の新幹線の電車の位置を入れ替えるには、線路をループ状（二次元）にするか、車体を起重機で吊り上げる（三次元）など、次元を上げる以外に方法はないという意味です。

カントのこの考えをＤＮＡの場合にあてはめてみますと、遺伝情報は一次元の塩基の並びですから、一次元であるアミノ酸の並びを一義的に規定できますが、それ以上のなにものでもないということになります。タンパク質の複雑な立体構造や機能、それに続くたんぱく質間の相互作用や細胞の構築・生理作用、個体発生や成体の営みなどの高次元の現象は、ＤＮＡの預かり知らぬこととなります。アミノ酸の並び以降の出来事は、それぞれの階層が持つユニークな物理法則にしたがって積み上げ方式で半ば自動的に進行するプロセスとして理解されます。本書では、これを自己組織化として一括して表現しました。

私がここまで説明してきた不均衡進化理論のコンセプトは、実はＤＮＡの情報は一次元ではなく二次元であることを示しています。Ａ＝Ｔ、Ｇ≡Ｃの塩基のペアリングの法則から明らかなように、ＤＮＡの二本鎖を構成するそれぞれの鎖はまったく違った塩基の並びからできていて、Ｄ

NA分子は非対称な構造をしています。複製によって遺伝情報が二次元に展開されるときに、逆平行関係にあるDNAの二本鎖が二つの子DNAに分かれる際に、変異の数に偏りが生まれ、結局はこの変異のアンバランスが進化を進める力になると考えます。つまり、進化の駆動力を生み出す根源が、非対称な構造を持つDNA分子の中に〝情報〟として内包されていると表現してよいでしょう。

私以外にDNA分子の非対称に注目した研究者が他に二人います。その一人が「不死DNA鎖仮説」を提唱したケアンズです。前述したように、マウスの小腸の上皮の幹細胞においては、DNAのどちらか一方の鎖が認識され幹細胞側にいつも錨を下ろしているので、分裂をくり返しても幹細胞に分配されるDNAの一本の鎖は変異の入っていない大元のものであり続けることになります。このメカニズムにより、一生の間に無数の細胞分裂をおこなう幹細胞自身のがん化のリスクが軽減されます。

一方、酵母の性の遺伝学的研究で有名なアマール・クラーは、酵母の性の決定やマウスの発生の過程で、細胞がDNAの一方の側の鎖を認識して、細胞分化の方向性を決めているというユニークな理論を展開しています。

三人に共通している点は、DNAは単にアミノ酸の一次元の並びを決めているだけではなく、非対称的な分子構造によって、二次元あるいは三次元の情報をもちうること、その非対称性が生命活動に積極的に関わっていることを主張しているところです。クラーは細胞分化に、ケアンズはがん化に、私は進化に注目して理論を展開していることになります。

このように、生物の遺伝情報は、文字やモールス信号、コンピューターに使われている情報とは違って、情報を担っているデバイスそのものの構造に本来の情報以外の〝情報〟を内包していることになります。このDNAの第二の情報ともいうべき新しいコンセプトは、二〇〇五年三月に米国フレデリックのアマールの研究室を訪れたときに二人で意見の一致をみたものです。いずれ近いうちに論文にまとめようと思っています。

以上の議論を踏まえますと、現在生きている生物のゲノムや形質の比較研究から、進化の途上にあった現象を解明するという方法論そのものに原理的な難点があることがおわかりいただけたと思います。実際の進化の過程では、それぞれの歴史性がからんだ無数の変異と形質との間のきわめて複雑でダイナミックな相互作用を考えなくてなりません。

新しい種が生まれるメカニズムと直接関係があるゲノム情報と形質との関係にアプローチするには、歴史的観点、すなわち時間のファクターの導入が絶対に必要です。そのためには方法論におけるパラダイムの変革が必要です。

その方法論の一つとして、私たちは不均衡進化論に基づく進化の加速実験を提唱し、実行に移してきました。もしこの系がうまく理論どおりに稼働しているとしますと、実験的システムという条件つきではありますが、進化の途上にある個体やサンプルを好きなときに採取して観察に供することができますから、ゲノムに起きた変異と形質の変化とを経時的にフォローすることが可能になるでしょう。そうすることによって、ゲノム情報と生物の実体である表現形質との関係を解明する材料を提供することになるでしょう。

2　進化における偶然と必然

「偶然と必然」と聞けば、生物学に興味のある方ならだれでも、ノーベル賞受賞者のジャック・モノーが書いた『偶然と必然』を思い浮かべます。モノーはフランソワ・ジャコブ、アンドレ・ルヴォフとともに、遺伝子発現を制御する基本原理であるオペロン説を提唱したことで有名です。モノーはこの本のなかで、著名な哲学者や思想家を名指しでこっぴどく批判し、宗教的および唯物論的世界観を否定したこともあって各方面からの批判を受けました。しかしそれが逆に宣伝になって、この本は生命科学の研究者だけではなく、世界中の人々に読まれるベストセラーになりました。

オペロン説が提唱されたのは一九六一年、遺伝暗号が解読される八年も前のことです。当時はまだ、遺伝子がどのようにして必要なときに必要な量のタンパク質をつくり出すのか、制御のしくみがよくわかっていませんでした。モノーらは、細菌にみられる遺伝子の制御方式をオペロン説と名付けました。

たとえば、ラクトースオペロンとは、ラクトース（乳糖）分解に関与する一連の遺伝子のことで、リプレッサー遺伝子／プロモーター／オペレーター、そして三つのラクトース分解関連遺伝子が一列に並んで構成されます。

乳糖分解酵素が作られるためには、最後の三つの構造遺伝子が発現しなければなりません。しかし通常はリプレッサー遺伝子がオンになっていて、リプレッサー遺伝子の産物であるリプレッサータンパクがオペレーターにくっついて、構造遺伝子の発現を抑えています。乳糖分解が必要になると、誘導物質が現れ、リプレッサータンパクに付着します。するとリプレッサータンパクはオペレーターから離れ、RNA合成酵素がプロモーター領域に付着することができるようになり、このとき初めて、三つの構造遺伝子が一まとめで一つのmRNAに転写され、乳糖分解酵素の合成が始まります。

このようにモノーは、生命活動全体を反応の機序として捉えた上で、必然と偶然の織りなすものとしての生物のありようを描き出していきます。私なりにモノーの主張をまとめてみますと、DNAに生じる変異（攪乱）は偶然の所産であるが、その後に起こる生物の反応はすべて生物の特性にもとづく必然的な一連の反応に帰することができるということになります。

モノーは生物の特性として、①不変性（自己複製）、②合目的性（構造と機能、進化）、③自律性（個体発生）、④無根拠性（アロステリック効果）を挙げます。

これらの特徴のうちの、最初の三つはだれもが納得できる内容です。使う用語こそ違っていても、生物の特性として、自己複製・発生・進化をリストアップしない人はいないでしょう。

③の個体発生には偶然的要素もあります。たとえば手の甲の静脈の枝分かれの形は人それぞれ異なりますが、これは遺伝子が厳密にコントロールしているのではなく、血管細胞の物理的性質と血流の力学的要素が働いた自己組織化に近いものだと言われています。受精卵の分裂（卵割）も、原腸陥入にはじまる細胞移動も、遺伝子の立場からみれば、コントロールの効かない独立独

歩の感が深い現象です。この遺伝子の発現と形態形成の関係は、〝必然〟と〝偶然〟とがまさに交錯する場面ではありますが、細胞の行動は間接的には遺伝子の支配下にありますから、結局は〝必然〟の所産だとモノーは考えています。

④のアロステリック効果は、ある生化学反応系が、別の反応系で作られた物質によって変化することです。上述の、リプレッサータンパクが誘導物質の付着により形が変わり、オペレーターから離れるといった現象もその一つです。二つの系の間のネットワークはある意味偶然できあがりますが、一度つながれば必然的に機能すると考えられます。

タンパク質の活性はアミノ酸の数と並び方で決まりますが、ここでも偶然と必然が交錯します。生命が誕生したばかりの頃は、ランダムなアミノ酸の並びを試行錯誤する過程があったと考えられ、この状態は偶然が支配しています。しかし、一旦活性をもつタンパク質ができあがり、その情報がDNAにコードされてしまうと、生物のシステムは必然的に作動し、そのプロセスは熱力学の法則に従うのはもちろんのこと、あるときはそれを利用しながら、物理法則と化学法則に矛盾することなく進行していきます。したがって、生きている生物に関して言及するかぎり、「DNA→RNA→タンパク質→表現形質」の流れは必然的に起こる事象である。このようにモノーは、きわめて明晰に反応機序としての生命現象を記述しています。

ところが、そのモノーが突然変異に関しては、「突然変異は〝偶然〟の産物であって、それ以外のなにものでもない」といい切っています。そして、進化に関しては次のように説明しています。ほとんど完璧で、保守的で、合目的的とさえ見える生命のプロセスのなかで、根源的な役目を担っている不変な遺伝情報が、微視的な偶然による攪乱を受ける。この〝偶然〟に生じた新規の情報（変異）が合目的的な生物体により、あるものは受け入れられ、あるものは拒絶される。受け入れられた情報は、セントラルドグマに沿って忠実に複製・転写・翻訳され、ついには巨視的な自然選択を経て〝必然〟のものとなり進化する、と説明しています。

モノーが挙げた生物の四つの特徴には賛成ですが、彼の変異と進化に関する考え方は受け入れることはできません。特に「突然変異は〝偶然〟の産物であって、それ以外のなにものでもない」というくだりは、彼にしては少し短絡的すぎるように見えます。モノーが活躍した時代はDNAの複製に関する知見は今日にくらべると貧弱なものでしたから、このような結論に達したのは理解できますが、今から思えば、彼にはもっと深い洞察を期待してもよかったと思っています。

これまでお話ししてきましたように、私は変異はランダムな偶然の出来事ではないと捉えています。ダーウィニズムの立場に立つ大部分の研究者は、変異は偶然の出来事であると考えているようです。その主な理由は、ランダムな変異を仮定しなければ、数学的な取り扱いがきわめて困難な状況に陥るからだと推察します。変異がランダムに起こるということは、変異がいつ、どこに起こるかは〝偶然〟によって支配されていて〝神のみぞ知る〟ということを意味しています。

このようなスタンスに立ちますと、変異が入ったその瞬間から科学の対象になりますが、それ以前の状態は科学の問題ではなく〝神の領域〟になってしまいます。すなわち、生物側からすれば、変異は一〇〇パーセント受け身の出来事であると割り切ってしまわなくてはなりません。私はこのような考え方も一つの見識だと思いますが、進化のなかで一番神秘的で面白いところをあえて避けて通っているように感じられてなりません。

不均衡進化理論によりますと、生物は機械的工夫によって不均衡な変異を強制的につくり出しています。生物にとって何かと不利なことの多い変異を、一方の子DNAに集中するようにし向けることによって、もう一方の子DNAの精度を非常に高く保ち、変異の悪影響からくるリスクを回避しています。

現実の生物では、不連続鎖にバイアスのかかった変異を入れることで、レプリコアー単位で「元本保証された多様性の創出」というパフォーマンスを発揮し、閾値を超えた非常に高い変異率の世界でも、死なずに急速に進化することを可能にしていると考えられます。

大腸菌dnaQ49を使った実験の項（第6章6節）で触れたように、不連続鎖に集中して入る変異もただ無秩序に入るのではなく、変異の入りにくい場所とそうでない場所があるようです。一般に、変異が集中する場所をホットスポットと呼んでいますが、なぜその場所に変異が入りやすいか、その本当の理由は明らかではありません。

変異の入りやすさは、ゲノムDNAの塩基配列によって決定されるDNAの物理的性質、塩基の互変異体の存在頻度、DNA複製酵素の信頼度等の相対的な関係できまるものだと考えています。今のところ結果論的な説明がされているだけで、GCGリピートがあるとGCGが延長されるような特殊な例を除いて、次に入る変異の位置を予測することは困難です。たまたま変異が集中して入った箇所をホットスポットと呼んでいるのが現状です。

このホットスポットの存在を示唆するもう一つの事実として、「連鎖不平衡」という現象があります。たとえばヒトゲノム中には最長二万塩基対にもおよぶ構造的に安定したブロックが存在します。ブロックの内部では交叉が起こらないので、このブロックは壊されずに子孫に伝わります。つまり、交叉にも起こりやすい場所とそうでない場所、ホットスポットが存在すると考えられるのです。あるいはまた、一つのブロックのなかには複数の関連した遺伝情報が並んでいて、交叉による切断が著しく適応度を下げるために、ブロック全体がポジティブな選択を受けているのでその存在が担保されているという説明も可能です。よく調べられているマウスやヒトにおいても、ゲノムに存在するブロックの大きさや数などの全体像はまだ摑めていないそうです。

いずれにしても、一個のブロックは一つのレプリコアーのなかに収まる大きさですので、不均衡変異の世界ではブロックのなかの遺伝情報の安定性は十分に保証され、「元本保証された多様性の創出」のパフォーマンスは十分に発揮されると考えることができます。

ここからは私の希望的観測に基づいた大胆な予測です。DNA複製とカップリングして起こる変異の場所は、どうやらゲノムの冗長な、あるいは中立な場所に頻繁に起こっているような印象をもっています。

もし私の予測が正しいとしますと、ホットスポットは遺伝子が存在しない領域か、遺伝子発現の調節領域、または中立の場所に多く存在することになります。このように、ゲノムの冗長な領域、あるいは遺伝子のなかであっても中立な領域に入った変異が、ゲノムDNAの物理的な性質に影響して、最終的にはマクロな表現形質に反映される可能性があると考えています。

突然変異、すなわち突然に変わる、ということは予測不能の事態を意味していますから、もともと〝偶然〟に支配されることを前提にした科学用語です。しかし、DNA複製に伴う内在性変異は、放射線その他の変異原物質の作用による外来性の変異とは一線を画して議論すべきだと考えます。

もっぱら内在性の変異を利用して進化している生物という存在は、可能な限り変異の〝偶然性〟を〝必然性〟に転化するデバイスを創造・改良することによって、より確実に、より効率的に進化を遂行してきたのではないでしょうか。そして、いまもなおその努力を続けているのが現生の生物であり、変異を〝偶然〟から〝必然〟へ転化する優秀なデバイス開発の成功者が未来を約束された種なのでしょう。

変異の〝偶然性〟を〝必然性〟に転化するデバイスを構成する要素として、非対称構造をもつDNA複製装置、連続鎖／不連続鎖複製様式、誤りがちなDNA合成酵素（校正活性を欠くDNA合成酵素）、塩基配列、塩基の互変異体、コドンの縮重、DNAそのものの物理的性質等、数え挙げればきりがありません。ホットスポットの謎を解明することが進化の本質に近づく一つの近道だと考えています。

3　遺伝システムは進化する

突然変異率は一定ではなく進化します。もしもゲノムに連鎖不平衡（ブロック）がなければ、ゲノム全体の突然変異率の上昇につれて適応値は指数関数的に低下します。無性生物では、突然変異は適応値を下げるので、個体はコストをかけて変異率を下げる（複製精度を上げる）努力をします。この二つの要因の妥協によってきまる適応度を最大化するように変異率は進化します。DNA複製酵素の欠陥のような、変異率を高くする変異遺伝子をもつ個体（ミューテーター）は有益な変異が生ずる率も高くなりますが、やがて、蓄積した有害遺伝子により適応値を下げ、どこかで落ち着くか、死滅すると思われます。

有性生物でも、変異率の高い個体には有害変異がたまりやすいのですが、有害変異を組み換えによって切り離し集団内にばらまくことができるので、無性生物より高い変異率が許容されます。しかし同時に、有益な変異も切り離されるので、変異率を上げる遺伝子自身にとっては有利にはなりそうにありません。しかし、異なった有益な遺伝子を、別の個体から組み換えによってとり込むことができるという利点があります。概して、組み換えにくらべて、高い変異率は適応値の上昇につながらないと考えられています。

では、生物はどのようにして有害な遺伝的変化から守られ、しかも新しい変異を受け入れて進化することができるのでしょうか？

初期発生の過程では、わずかな変異も拡大され大きな形態上の差を生ずることがあります。また、一個のアミノ酸置換でもタンパク質の活性に大きな影響を与え、ひいては新奇な形態や行動の実現につながることもあります。

一方、生物は有害変異の影響を除くデバイスを発達させています。DNA修復酵素や分子シャペロンがその例です。後者はいろいろな遺伝子がつくる複雑なたんぱく質をうまく折りたたむための工場で、遺伝子産物に少々アミノ酸の置換があっても、なんとか活性をもたせることができます。分子シャペロンの活性を阻害すると奇形がたくさん現れます。生物のからだはかなりルーズなところがあり、シャペロンのような探査システムが発生の頑健性を担保しています。

遺伝子発現の制御機構や分子ネットワークなど柔軟なシステムの存在は、少々の遺伝的変異にはびくともしない頑健な性質をつくります。この仕組みが生物が環境変化に柔軟に応答する原因です。生物の頑健性は、酵母やマウスの遺伝子の三分の二を壊してもさして影響がないことをみても明らかです。

さらに、生物はDNAから個体にいたるレベルでモジュール（区画）構造をもっていて、それぞれのモジュールは独立して進化することができます。また、モジュールを組み換えて新奇性を創成することもできます。つまり、生物の頑健性をつくりだすシステムは同時に突然変異の享受を担保します。

進化を伴うような大きな表現型の変化が一度に起こることはまれで、小さい変異と自然選択の積み重ねによって段階的にすすみます。したがって、適応度を落とさずに、変化をこつこつと集めていく手段が要ることになります。つまり、「形質の元本を保証した変異の蓄積」です。実は、これを原理的に可能にするのが不均衡進化理論のコンセプトです。

また、生物はある特定の遺伝子座の変異率を高めて、環境の変化に対応する機構を進化させています。一〇億種類もの抗体を突然変異によって産生する抗体産生細胞がその代表例です。性の維持にはコストがかかりますが、なぜ性も遺伝システムの進化と捉えることができます。

多くの生物に性があるのでしょう。たとえば複数の有益な変異遺伝子が進化に必要な場合、無性では同じゲノムに蓄積されるまで長期間待たねばなりません。一方有性では、別の個体に現れた有利な変異遺伝子をかき集めることができますし、有害な変異を除外することもできます。これが性の利点だと考えられています。

しかし、ランダムに遺伝子の組み換えが起こると、ついには遺伝子型の集団内における頻度は一定の値になってしまいます。現実には、いろいろな原因で連鎖不平衡（ブロック）が生じ、そうはなりません。かえって性にともなう組み換えが連鎖不平衡を壊して利益をあげることもあります。たとえば、両親が連鎖不平衡をもつ場合、ブロックの崩壊によって子供の遺伝子型の多様性は増し、進化に有利になるからです。また、適応度を上げる遺伝子と下げる遺伝子が同じブロックにあるとき、組み換えはこの連鎖を切断して、適応値を上げることができます。

4　現存生物の未来

生物の未来の姿を予測するのはとても難しいことですが、これまでお話ししてきました進化加速の試みは、現存生物のフレキシビリティ（柔軟性、融通性）のテストであると同時に、未来の姿を予測している実験でもあります。ちょうど本書の進化の加速実験の項を書き終えたところで、横浜で開かれた日本分子生物学会（二〇〇九年二月九日）において進化に関する興味深い報告がありました。

長期間暗所で飼育されたショウジョウバエに、新しい形質が現れたのです。この研究は今から五六年前の一九五四年に、京都大学理学部動物学科の森主一が始めた実験です。その後、半世紀にわたって、同教室の学生や教員らがショウジョウバエをひたすら暗所で飼い続けてきました。本当に根気の要る仕事です。

この実験と並行して、薄い硫酸銅液が混入している飼料を与えてショウジョウバエを飼い続けた研究が、近畿圏の複数の大学の生物学教室で手分けをして実施されていましたが、確かな結果は出ずじまいに終わったと記憶しています。大学院一回生のとき、初めて出席した学会で、ちょうどこの研究に関する森グループの総括発表があり、私は選択圧の設定に関してかなり批判的な発言をしたことを覚えています。暗所での飼育実験が継続されていることは噂で聞いてはいましたが、進化実験に関する原稿を書いているこの時期に、このたびの結果が発表されたのは、なにか運命的なものを感じています。

半世紀といいますと、ショウジョウバエでは約一四〇〇世代が経過したことになり、これをヒトに換算しますと四万~五万年に相当するそうです。人類がアジアからオーストラリアに移住したのが五万年前、北米大陸に移住したのが三万年前ですから、この間に人類もいくらかは進化したでしょう。正にレンスキーが四万世代を飼った大腸菌の実験の昆虫版です。日本でもこのような息の長い研究がおこなわれ、しかもポジティブな結果が得られていることは日本人として誇らしいことです。

暗所に適応したハエは、体表を覆っているにおいを感じる感覚毛が約一〇%伸びて嗅覚が発達し、雌雄のフェロモンの違いを察知して暗闇でも効率よく交配するそうです。暗闇に適応したハエは、もはや野生型のハエとはほとんど交尾しないそうです。もしかすると、種分化の原因とされる生殖隔離が起こる前兆なのかもしれません。ゲノムの全塩基配列を解読した結果、嗅覚やフェロモンに関する遺伝子を含めて、約四〇万カ所に変異が見つかりました。視覚に関係する遺伝子群にも変異が入っていましたが、洞穴動物によく見られるような、光に対する反応性の喪失という現象は観察されていないそうです。

もし、ショウジョウバエのpolδの校正酵素を失活させたミューテーターを暗所で飼育すれば、一年も経たないうちに同じような表現形質が現れるのでしょうか？　もしそうなれば、不均衡進化論の強い傍証になるはずです。また、暗所で五〇年以上も飼育されたショウジョウバエゲノムとの塩基配列の類似度を調べれば、われわれの進化加速の方法論の決定的な検証になるでしょう。しかし、先に述べましたように、残念ながらショウジョウバエではノックイン操作がいまのところできないので、今日にいたるまで、変異polδ遺伝子をもつショウジョウバエを使った進化加速実験はおこなわれていません。ノックイン技術を開発して、将来、ぜひチャレンジしてみたい実験の一つです。

さて、地球上に現存する生物のなかで、種と同定されたものの総数は二〇〇万を越えています。実際にはその数倍から一〇倍もの未分類の生物が存在すると考えられています。このうちで、未来の進化が約束されている種はどれほどあるのでしょう。トキなどの絶滅危惧動物のように、進化の袋小路に入り込んでいる生物はたくさんいると思います。進化の歴史は、見方を変えれば絶滅の歴史であるともいえます。現存生物の未来を語るには、進化的な意味で、前途有望な種でないと面白くありません。

将来勢いよく進化するには、少なくとも高等生物の場合には、ゲノムに適当な割合で〝遊び〟の部分をもっていることが絶対の条件でしょう。その意味では、染色体の倍数化が起こった種であることも重要な要素だと思います。それに、本章2節で述べましたように、変異が起こる偶然性を必然性に転化するデバイスをチューンアップする余地がある生物が将来の勝利者になるのでしょう。

このように考えますと、ショウジョウバエの遺伝子の数はヒトの半分ぐらいの一万四〇〇〇個、ゲノムサイズはヒトの二〇分の一程度で、大きく進化するには冗長な領域が少なすぎるような気がします。ハエはいくら頑張ってもハエでしかないように思えます。遺伝学によく使われる、線虫、メダカ、ゼブラフィッシュも、なんとなく飛躍的な進化の力を秘めているような気がしません。ショウジョウバエ同様、解析のしやすい簡単なゲノムをもっている生物として研究対象に選ばれているにすぎません。

その点、マウスは変異率も結構高いですし（一世代に加算される変異数60、そのうち有害変異数1・8）、ゲノム構成もヒトのそれと非常によく似ていますから、進化の可能性を秘めているといえるでしょう。しかし、実験用のマウスは、長年ストレスのない至れり尽くせりの環境で飼育されてきましたし、純系化されていますので、野生で使われていた遺伝子の多くが活性を落としていたり、失われている可能性があります。実験用マウスを飼育室で観察していても、野生のマウスほど敏捷ではありませんし、賢そうにも見えません。

今のところ、一番進化の可能性がある生物は、哺乳類か鳥類だと考えています。哺乳類を筆頭に挙げたのは、分子時計の進みが飛びぬけて速いという加藤らの報告があるからです。鳥類も変異率が高く、同様に分子時計の進みが速いといわれています。また、別の観点からしますと、細菌が進化の可能性の一番高い生物かもしれません。その理由は、近くにいる別の種類の細菌のゲノムを取り込んで一挙に進化する独自の術をもっているからです。そういえば、高等動物でも雑種をつくることによって強制的に相手のゲノムの半分を利用することが可能ですから、細菌のような一足飛びの進化も夢ではありません。

しかしここでは、このようなドラスティックな進化のやり方は議論の外に置きたいと思います。一つの種から構成される集団が、変異をためこんでやがては新種に分化するその過程を実験的に実現するのが私の目標です。結局のところ、純化されていない自然の環境で生活している哺乳類や鳥類を対象にして実験するのがいいように思います。しかし世の中には、私の知らない進化の加速実験にもっと適した生物が存在するのかもわかりません。進化の袋小路に入っていない生物をなんとか探し出すことが第一でしょう。

また、別のアプローチとして、頭脳の発達に焦点を合わせて未来の進化を考えるのも一考に値すると思います。特に霊長類の頭脳の進化は計り知れないものがあります。

脊椎動物の脳は、五億年前に現れたホヤの幼生期の神経管のふくらみに始まります。その後に進化してきた脊椎動物の脳の基本構造はよく似ていて、脳幹、小脳、大脳からできていて動物の種類によって大きさの比率が違っています。魚類、両生類、爬虫類では本能的な行動をコントロールする脳幹が大部分を占めています。主に運動をつかさどる小脳も小さく、魚類と両生類では大脳も小さくて、本能や感情を支配する古皮質があるだけです。

爬虫類になりますと、大脳に新皮質が現れます。より高等な鳥類や哺乳類では、小脳と大脳がともに大きくなり、特に大脳新皮質が発達して感覚野や運動野という新機能が加わります。霊長類では新皮質がさらに発達して連合野が出現し、高度な認知能力や複雑な行動が可能になります。それがヒトになりますと、新皮質の占める割合が大脳皮質の九〇％以上にもなります。このように、脳の進化は基本構造が変化するのではなく、新しい機能が付け加わって進化してきました。

チンパンジーとヒトが分岐してわずか六〇〇万年しかたっていないのに、これだけのスピードで進化してきたヒトの脳は、現在も進化途上にある器官であることは間違いないでしょう。将来の未来人には〝新・新皮質〟の進化もあるかもわかりません。一方、ヒトの四肢はチンパンジーのそれとくらべますと力を出すという点に関しては貧弱そのもので、退化したと表現してもいいくらいです。このように器官によって進化の進み具合は異なります。小鳥やマウスにも、将来大脳新皮質をさらに大きくするポテンシャリティがあるものと思っています。進化の加速実験で、賢い小鳥やマウスが生まれてくる可能性は大いにあると信じています。

脊椎動物のなかでも、ヒトの脳は特別な存在です。進化は環境に強く影響されるものですが、新皮質の発達によりヒトは環境自体を変えることもできますし、宇宙にまで生活圏をひろげようとしています。これだけの頭脳をもった人類の社会で、いまだに争いごとや戦争が絶えないのは、脳幹が命令する本能的な行動を大脳新皮質がうまくコントロールできていない証拠なのでしょう。未来の人類社会ではこの問題は生物学的に解決されているでしょうか？　私としては、闘争本能の欠落した人間社会にはさして魅力を感じませんが。

進化実験で無から有を生ずるのは難しいと思いますが、過去に一度使った遺伝子や発生のパターンの再利用、あるいは秘められたポテンシャリティの覚醒等は可能だと思っています。このようなことは自然界での進化でも常に起こっている現象だと思います。出来合いの遺伝子セットをリクルートして、うまく再利用している部分が結構多く、広義には前適応現象として知られています。何ごとも一から出直さないと事が始まらないようでは、環境の変化にはなかなかついていけないのではないでしょうか。

このように、遺伝子の中古品や、選択圧に中立な「ロイヤル・ストレートフラッシュ」を臨機応変に利用するためには、いつ使われるかもしれない物品（遺伝子）を傷つけないように大切に保存しておかなくてはなりません。DNAの複製の際、レプリコアー単位での連続鎖合成による元本保証システムがその一役を果たしていると考えられます。進化するには変化することも大切ですが、一方で、一度つくりあげた遺伝情報を保存することも、変化以上に大切なのです。この保守性こそが、生物がここまで生き延びてこられた根源的な特性です。この保守と革新の相反する生物の特性を、システムとして担保しているのがDNAの連続鎖・不連続鎖様式である、というのが不均衡進化理論の基本的概念です。

もう一つ付け加えておきたいことがあります。それは、〝誤りがちな〟DNA複製酵素の存在です。

ヒトのDNA複製酵素はわかっているだけでなんと一五種類もあります。ゲノムDNAの複製のところで何度もでてきました、pol α、pol ε、pol δのほかに、校正作用をもち、ミトコンドリアのDNA合成に特化されたpol γ（ガンマ）があります。pol ε、pol δ、pol γを除いたDNA合成酵素はすべて校正活性を欠いていますので、エラーを起こしやすい酵素に分類されます。このうちいくつかはDNAが傷を受けたときの修復に使われていることがわかっていますが、たとえば、DNA鎖の一本が切れたとき、間違った塩基を入れることで、とりあえず鎖をつなぎます。このおかげで、次の複製では一方の子DNAは元のまま、他方は変異が固定され、限られた範囲で元本が保証され、変異が創出されることになります。この誤りがちな酵素による修復作業の副産物としてゲノムの多様性が創出されています。一般にエラーを起こしやすい酵素は短いDNA鎖しか合成できません。なかには、数塩基しか合成できないものもあり、DNA合成酵素と呼ぶのもためらわれるほどです。

ここからはまったくの想像です。高等生物のゲノム複製の際、誤りがちなDNA複製酵素が特定のレプリコアーの複製に関与している可能性があると考えています。特に、ヒトの精子形成過程のうち、幹細胞の不等分裂のあとの五回の細胞分裂ではその可能性が高いと思われます。おそらく生命活動に必須な遺伝子が並んでいるレプリコアーの複製には、通常どおり、pol εとpol δを使って複製しているでしょう。一方、高いフレキシビリティが要求される未来の進化に必要な遺伝子が存在する領域や冗長な領域を多く含むレプリコアーは、誤りがちなＤＮＡ複製酵素によって認識されて、変異が集中的に入るしくみになっていると想像されます。

もちろん、このような誤りの多い複製がおこなわれるレプリコアーでは、不連続鎖にバイアスがかかった変異が入って「元本保証された多様性の創出」のパフォーマンスが発揮されているはずです。つまり、誤りがちなＤＮＡ複製酵素はもっぱら不連続鎖の合成に関わっていると予想されます。

このように、一五種類もあるＤＮＡ複製酵素をうまく使い分けることによって、進化をより効率的に推しすすめることが可能になります。くり返しになりますが、進化を理解するキーポイントは精子形成過程におけるＤＮＡ複製酵素の役割を解明することです。

不均衡進化理論には別のモデルもありますが、なるべくわかりやすくするために、理論の発想の発端となった連続鎖・不連続鎖複製モデルに焦点を絞って議論をすすめてきました。本理論にさらに興味をおもちの方は、本書の末尾に挙げておきました、不均衡進化論に関する文献（Aoki, K. 青木和博）をご参照ください。また、進化の機構に関しては、本書では触れなかった多くの魅力のある理論や説がありますが、それらは各専門書や総説にゆずることにしました。

第8章
不均衡進化論からわかること

1　個体発生に見る元本保証システム

不均衡におこる変異が元本を保証し多様性を創出する――このシステムが進化において有利に作用することを見てきましたが、自己複製と不均衡変異の入り方を概念的に示した図4-6dを眺めているうちに、じつは生物、特に多細胞生物は、個体発生の細胞レベルでも似たようなシステムを採用していることに気づきました。この図は、細胞分化の系譜を示した図にそっくりなのです。

個体発生では、一個の受精卵が分裂をくり返して最終的に生体をつくりあげます。もちろん、ただ無秩序に複製するだけでは複雑でバランスのとれたからだの構造はつくれません。きちんとしたルールに沿って、神経細胞に、心臓の細胞に、皮膚の細胞にと役割（機能）が特化された特殊な細胞へと「分化」していく必要があります。分化した細胞は、基本的にふたたび元の細胞には戻れません。

一つの未分化な細胞が、二つの分化した細胞に均等に分裂してしまうと、その細胞をつくる元になる親細胞がいなくなってしまいます。それでは困りますから、二つに分裂する際に、一方には未分化な親細胞の形質を担保したままで、もう一方では分化した細胞をつくります。この分裂方式を不等分裂といい、この方式で分裂する細胞を幹細胞（Stem cell）と呼びます。つまり、幹細胞が不等分裂をすると、自分と同じ細胞と、違った表現型をもった分化した細胞の二種類の細胞が生まれます。

受精卵は、まだすべての細胞へ分化する可能性、いわゆる全能性をもつ究極の幹細胞です。個体発生における最初の不等分裂は、「生殖細胞系」と「体細胞系」との分化です。生殖細胞は、次世代の受精卵の元ですから、からだをつくる細胞とは別にして、受精卵の全能性を保持したものを取り置くのです。図４－６ｄの一番上の０マークのついた細胞を受精卵と仮定しますと、一番左側の斜めに並んでいる三個の０の細胞の系列は生殖系の細胞に相当し、次世代に正確に生殖細胞を伝えています。

分化は何段階も経て、最終的な分化細胞になります。いわば、幹細胞にもオーダーがあって、細胞分化の節目節目にそれぞれの組織や臓器に特化した幹細胞が用意されます。例として、ヒト体内で九種類もの血球細胞が分化する様子を見てみましょう。

図４－６ｄの１を血球細胞系に特化された幹細胞とします。この細胞はまだ九種類のすべてに分化できるポテンシャルがあるので、多能性幹細胞と呼びます。幹細胞１は一回目の分裂で、自

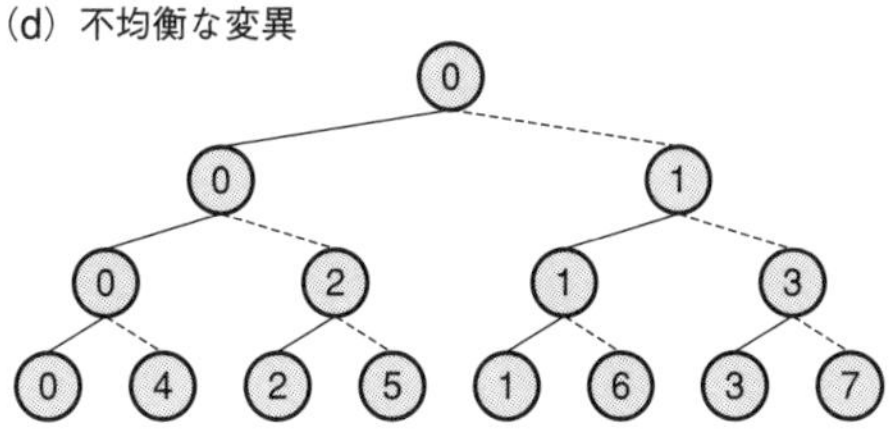

図 4-6(d)　自己複製と不均衡変異の入り方

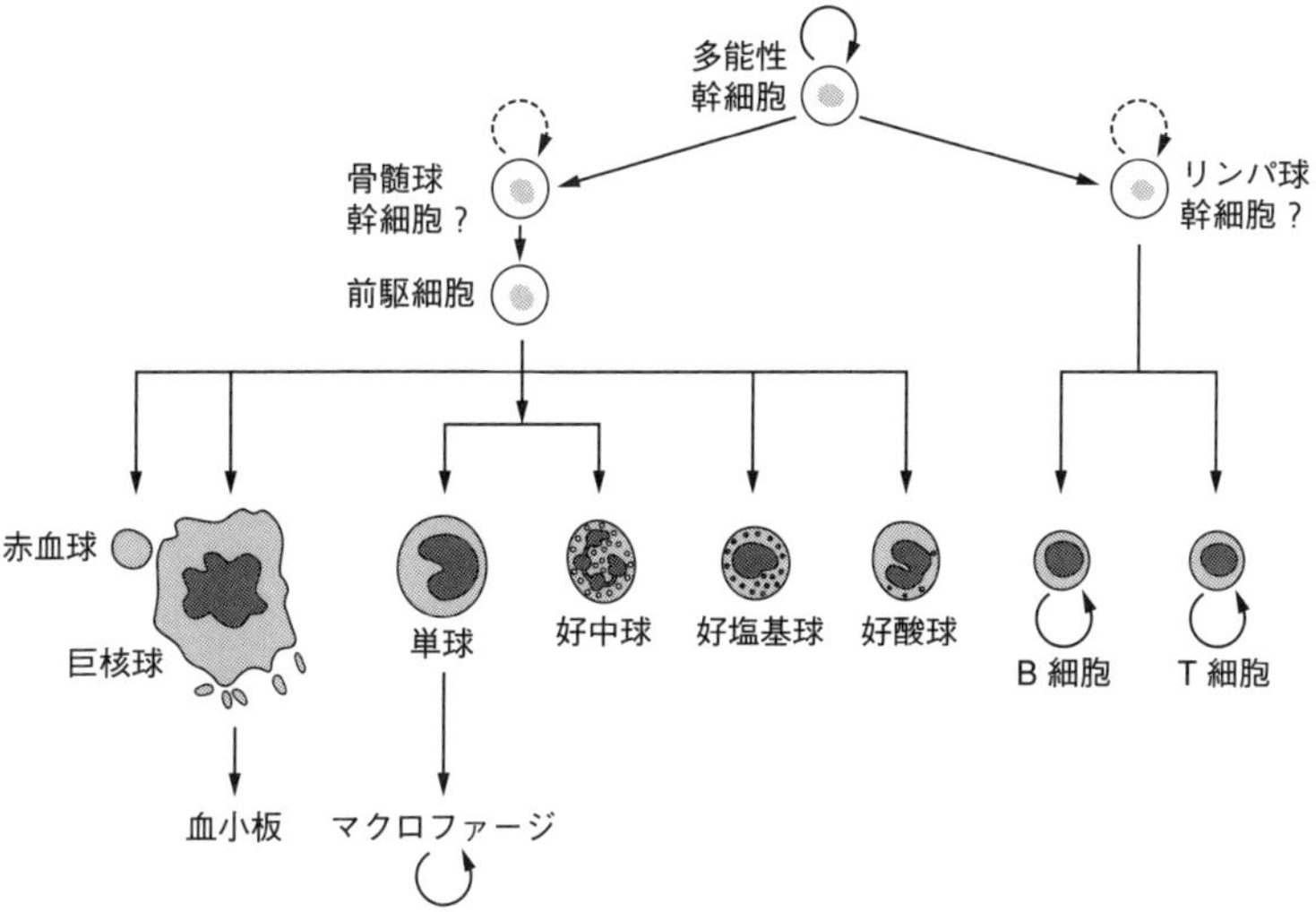

図８１　幹細胞方式を使った血球細胞分化の模式図

分と同じ幹細胞と、３というリンパ球系に特化された新しい幹細胞を生み出します。二回目の分裂で、幹細胞１は、今度は６という赤血球系に特化された細胞を生み出し、３はリンパ球と、白血球という分化した細胞７を生み出しています。

図８‐１は、実際の血球細胞の分化を表す模式図です。一番上に描かれている細胞が血球系の多能性幹細胞、下に並んでいる細胞は分化してできたリンパ球を含む白血球系の細胞、骨髄球系細胞、及び赤血球です。細胞の横にサークル状の矢印を付してあるものが、いま問題にしている不等分裂をする幹細胞です。このように、血球系の細胞が分化していく様子は図４‐６dの模式図と基本的に同じシステムであることがおわかりいただけると思います。

幹細胞方式は基本的にあらゆる組織・器官の形成に使われています。有名なものに、前述した小腸の上皮細胞、皮膚の上皮細胞、神経細胞、筋肉細胞等の幹細胞があります。

動物を解剖してみればすぐにわかることですが、それぞれの臓器は形や色で見分けがつきます。肝臓は三葉に分かれていて赤茶けて大きく、胃や腸はどちらかというと灰色がかっていてくねくねとした管状をしています。心臓はハート型で真っ赤です。腎臓は左右に一対の大きな豆のような形をして背側に張り付いていて肝臓とよく似た色をしています。このように動物の臓器はくっきりと他の臓器から区別されています。

元は受精卵という一つの細胞であったものから発生して、ユニークな形態と機能をもつ多様な臓器を生み出し、かつその臓器を一生保持していくためには、その臓器に特化された幹細胞様式を採るのが最も適しているようです。老化した臓器の細胞は取り除き、適宜新鮮な細胞を幹細胞から供給すればよろしい。私の想像ですが、もし発生が幹細胞方式を採らないとすると、臓器はいわゆる五臓六腑という臓器に分かれることなく、肝臓や腎臓、膵臓、脾臓などの機能をひとまとめにして一手に引き受ける万能の巨大な器官になるかもしれません。このやり方は臓器別方式とくらべておそらく能率が著しく劣り、生理活性の微妙な調節も難しくなるでしょう。人体のように機能に応じてパーツ（臓器）に分かれていれば、故障したパーツを取り換えるか、個別に修復すればそれで問題は解決されます。そして現実に、下等動物も例外なく幹細胞方式を採っているので、このシステムがいかに有利かわかります。その根本にあるのは、「元本保証された多様性の創出」というしくみです。

同じ「元本保証された多様性の創出」の方式を採っていても、系統発生（進化）と個体発生との間には基本的な違いがあります。進化では多様性をつくり出すために変異を利用していますが個体発生ではそうはいきません。どこに入るかわからない変異を細胞分化に利用すると、発生過程が乱されてすぐに奇形ができてしまうでしょう。

ですから、進化の場合と違って個体発生では幹細胞の不均等分裂はしっかりとプログラム化されている必要があります。実際、細胞分化のタイミングとその方向性はみごとにコントロールされています。ただし例外は免疫細胞で、リンパ細胞がつくる抗体には、どんな侵入者にも対応できるバラエティが必要なため、ＤＮＡの変異を利用してさまざまな抗体をつくり出しています。

不等分裂がどのようにコントロールされているかは今日の発生生物学の主要テーマの一つです

が、コントロールを外れると細胞はがん化します。

たとえば個体発生の過程で不等分裂の制御がうまくいかなくて、細胞が均等分裂をくり返すことがあります。もともとは胎児の細胞である幼弱な絨毛上皮組織が異常な均等分裂をくり返す結果、子宮壁内がブドウの房状の組織で埋め尽くされ、ついには胎児本体の組織は消滅してしまいます。この状態を胞状奇胎といいます。時間が経っても母体の外見は正常妊娠のそれと変わりません。しかし胞状奇胎はいわば絨毛上皮の前がん状態ですから、すぐに摘出しないと命にかかわります。

一般に、がん細胞は外部からのコントロールから外れた細胞で無制限に分裂を続ける性質をもっています。多くのがん組織には幹細胞のような性質をもった悪性細胞が存在し、自分自身を再生しながら異常な分化を続け、がん組織全体としては無限に成長していくことができます。いわば、がん細胞もまた、「元本保証された多様性の創出」という戦略を発揮しているといえます。がん細胞からすれば、抗がん剤や免疫のような強い選択圧にうち勝つために不均衡複製方式で適応進化していると解釈できます。治療が難しいのも納得できます。

ごく最近、ヒトの同一患者から得られた肺がん組織と、正常な肺組織のゲノムが比較されました。その結果、なんとがん細胞には五万個以上の塩基置換が見つかったのです。はたして不均衡進化理論で説明できるのでしょうか。

発生と進化の話になりますと、どうしてもエルンスト・ヘッケル（一八三四―一九一九）について語らなければなりません。彼は系統発生（進化）と個体発生を結びつける「反復説」を唱えたことで有名です。彼の説を一言で表現しますと「個体発生は系統発生（進化）をくり返す」というものです。

ヘッケルは脊椎動物の胚の外部形態を比較し、発生の初期に遡るほど胚の形がお互いに似ていることを発見しました。なるほど、魚もカエルもカメも鳥もヒトも、若い時期の胚は同じように魚に似た形をしていてアゴの横にエラ状の切れ目まであります。この観察結果から、個体発生ではその生物が進化の過程でたどってきた道をもう一度圧縮した形でくり返すと考えたのです。このコンセプトは非常に魅力的ですから、私も彼の著書にある美しい絵を何度も見返して、そのたびに想像をたくましくしたものです。

もちろん私は「反復説」をそのまま信じているわけではありませんが、今でもヘッケルの説には強い魅力を感じます。そもそも進化と個体発生とは無関係なものですが、「個体発生が進化の圧縮版のように見える」という事実と、個体発生と進化に共通の「元本保証された多様性の創出」というパフォーマンスとが、どこかで原理的につながっているのではないかと思っています。この観点から見ますと、「元本保証」の生物学的意義をさらに追究していくことが個体発生と進化を理解する上で有効だと思っています。

2　DNAはなぜRNAに勝ったのか

現生生物の遺伝情報はDNAが担っています。生命を自己複製する系とするならば、DNAの誕生こそ生命の起源と考えがちですが、最初の生命はRNAだったとする説があります。この

RNAワールド（RNAの世界）仮説によりますと、三八億年前にRNAの世界が始まり、それから二億年ののちにDNA‐タンパク質の世界が始まったとされています。

現生の生物では、RNAはDNAの遺伝情報を写し取り、タンパク質合成へつなぐ翻訳と仲介の役割を担っています。RNAはひも状の一本鎖で、DNAと基本的に同じ構造をしているので、遺伝情報を運ぶことができます。これをメッセンジャーRNA（mRNA）といいます。またmRNAの遺伝情報を翻訳してアミノ酸を運んでくるのもRNAで、転移RNA（tRNA）と呼ばれます。RNAは長い一本鎖の分子が折れ曲がって、分子内の要所要所で塩基のペアをつくり、複雑で安定な立体構造を取ります。この性質がRNAのいろいろな活性を生み出すもとになっているのです。このように、RNAはさまざまなかたちでDNA‐タンパク質世界を補佐する小間使いのように働いています。

そのRNAこそが実は最初の生命だったとするRNAワールド仮説が登場したのは、一九八九年、酵素として働くRNA、リボザイムの発見がきっかけでした。現在のDNA‐タンパク質ワールドでは、酵素として働くのはタンパク質（もしくはペプチド）ですが、リボザイムは、RNAであるにもかかわらず、RNAを切断したり、RNA同士をくっつけたり、RNA分子のほかの場所にRNA断片を挿入したりする酵素としての活性をもっていたのです。またエイズウイルスに代表されるレトロウイルスがRNAをゲノムにもち、RNAからDNAを合成する逆転写酵素の遺伝子をもつことや、mRNA、tRNAのみならず、rRNA（リボゾームRNA。mRNAの情報を翻訳する場所であるリボゾームと呼ばれる装置をつくっているRNA）等、多彩な活性を示すRNAが存在することも、RNAだけで生命世界が構成できたのではないかとするRNAワールド仮説を支持する証拠とされています。

RNAをゲノムにもつウイルス（たとえばほとんどの植物ウイルス、インフルエンザウイルス）が存在するように、RNAは遺伝情報としての働きもします。自己複製に関しては、おそらく生命誕生期のRNAは別のRNAの力を借りて自己複製が可能だったと思われます。このようにRNAは広範な機能をもっていますが、DNAはそれ自身にほとんど生理活性がありません。これだけの証拠がそろえばRNAだけで生命の進化が可能だったはずです。

しかし、現実の生物界ではRNAウイルスを除くとRNAをゲノムとして採用している生物は皆無です。ではなぜこれほど隆盛をきわめたRNAが二億年あとから現れた新参者のDNAに取って代わられたのでしょう。

RNAとDNAは基本的に同じ構造をしていますが、違いが二点あります。一つは糖の部分で、RNAはリボースを、DNAはデオキシリボースという糖を使っています。もう一つの違いはDNAでは塩基チミン（T）を使いますが、RNAはチミンの代わりにウラシル（U）を使うところです。それ以外の点では、RNAもひも状の長い鎖をつくりますし、二重鎖もつくれます。もちろん遺伝情報をコードできることもDNAと何ら差がありません。複製は鋳型鎖を使ってDNAと同じく5′→3′の一方向に鎖を延ばします。このように見てきますと、どうも化学的な構造上の差異はDNAの進化的優位の説明にはならないようです。

ではは物性の面ではどうでしょう。たしかに、遺伝情報を担っているRNAは一本鎖ですから熱に弱く、酵素ですぐ分解されます。実際、試験管内でRNAを扱うときは実験室のどこにでも存在しているRNA分解酵素の混入を注意ぶかく避ける必要があります。一方DNAは通常は二重らせんを形成し、安定した構造をもっており、RNAにくらべると熱にも酵素にも強いといえます。

もしDNAとRNAとが共存した場合、DNAのほうが物性上安定しているから自己複製して生き残るのはDNAだという論法は、それなりに説得力があります。しかし現代の地球上においても、RNAがDNAに勝つ例があります。たとえば、インフルエンザウイルスのゲノムはRNAですが、ときに爆発的に増殖して人々を悩ませています。したがって、単に物性の差でDNAがRNAとの競争に勝ったと結論づけるのは早計だと思います。

では複製と変異の観点からはどうでしょう。RNA複製酵素（RNA依存性RNAポリメラーゼ）は塩基のペアリングのエラーを修正することができません。したがって変異率が高くなり、あまり長いRNAは複製のたびに多くの変異が入るので、RNAの長さにはおのずと上限があります。実際、RNAゲノムの長さは大まかにいって長くても一万塩基ぐらいです。つまりRNA複製酵素は一万塩基につき一回ぐらい間違いをおこすので、一万塩基より長いゲノムRNAでは変異率が〝変異の閾値〟を越えてしまって、元本保証ができずに消滅してしまうと考えられています。長いRNAは理論的に存在しえないというわけです。次に述べますように、私はこの結論には異議があります。

図8－2は現存するウイルスのゲノムRNAの複製様式の模式図です。図の左端の太い上向き

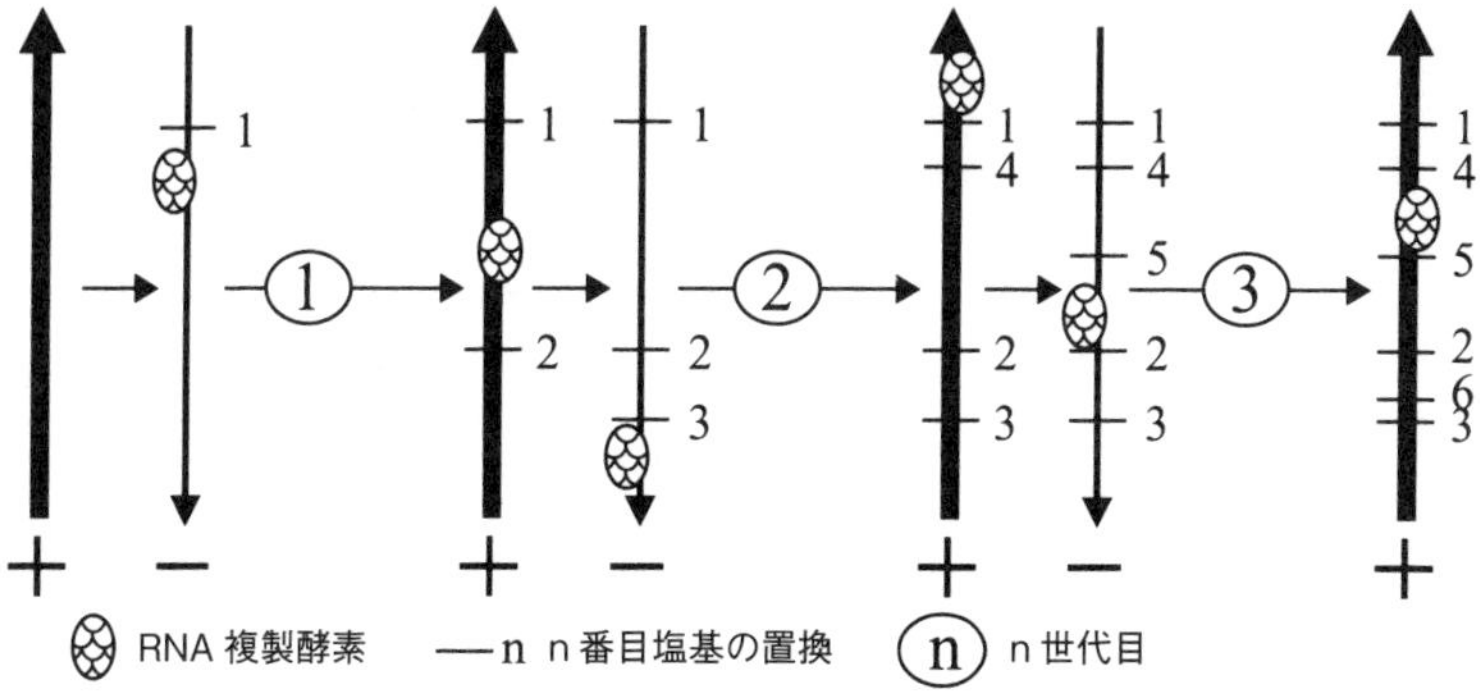

図 8-2　1 本鎖 RNA の自己複製と変異

の矢印が大元のＲＮＡで、矢印の方向は複製の進む方向（5′→3′）を示しています。ＲＮＡの下にある＋は、このＲＮＡが遺伝子をコードしているプラス鎖という意味です。次の下向きの細い矢印は左端のプラス鎖ＲＮＡを鋳型にして合成されたマイナス鎖のＲＮＡで、写真の陰画のようなものですから遺伝子はコードされていません。

一本鎖ＲＮＡが自己複製をするとき、ＤＮＡの場合と同じように塩基のペアリングのミスが原因で変異が入ります。図8－2の例では、マイナス鎖の1の位置に一個の変異（塩基置換）が入っています。一度入った変異1は代々受け継がれていきます。次にこのマイナス鎖を鋳型にしてプラス鎖を合成し終えると、一回の複製が完了したことになります。中央の横長の丸で囲まれた1は一回目の複製を指します。なおＲＮＡ上の網目のついた小さい楕円形はＲＮＡ複製酵素です。

実際のウイルスの増殖では、一本のマイナス鎖から多数のプラス鎖が一挙に合成されます。これがウイルスが爆発的に増える原因ですが、図が複雑になりますので省略しています。一番右端のゲノムをごらんになればわかりますように、たった三回の複製で六個の変異が入っています。これがエイズやインフルエンザなど病原性RNAウイルスの進化の速さの原因の一つです。実際には変異はランダムに入りますから、一本のRNAあたりの変異の数は散らばります。

RNAの複製はDNAの場合とどこが違うのでしょう？　一番の違いは、DNAの場合には複製が終わると親DNAはなくなりますが、RNAの場合には複製しても親のRNA分子は確実に残ることです。さらに重要な点は、親になるRNA分子は複製のときに鋳型として使われるだけですから絶対に変異が追加されることはありません。これほど完璧な元本保証制度はありません。つまり、RNAの集団中に現時点で存在しているすべてのRNAの遺伝子型は担保されていることになります。したがって、変異の閾値は1よりずっと上昇していることになり、少々変異率が上がっても「元本保証された多様性の創出」は実現されると考えてよいでしょう。

これまでRNAの進化を数理的に扱った研究では、上述のようなRNAの複製の過程を厳密に考慮していないようですから、DNA・RNAの区別なく変異の閾値を1の近傍に設定しています。RNAの進化を論ずる場合には変異の閾値をもっと高く設定する必要があるのではないでしょうか。

このようにRNAは進化を進めていく上で非常に優れた特性をもっています。進化レースに遅れて参加したDNAがRNAに勝つためには、ただやみくもに変異率を上げただけでは、変異の閾値を越えて二度と戻ることができない〝カオスの海〟に飛び込んで自殺するはめになります。だからといって、変異率を低くすれば進化速度の速いRNAに負けてしまいます。

進化レースでＤＮＡがＲＮＡに勝つ唯一の手段は、不連続鎖に変異を集中させて「元本保証された多様性創出」のパフォーマンスを発揮することです。そうすればＲＮＡと同じように親の遺伝子型を担保することができます。連続鎖／不連続鎖方式を採るとおそらくＤＮＡの複製速度はＲＮＡのそれにくらべて遅くなると予想されますが、不均衡変異の進化的な利点にＤＮＡの物性としての安定さが加わって、結局はＤＮＡが進化レースに勝ったのだと想像されます。

ＤＮＡワールドでは、ＤＮＡが単独に存在していたのではなくタンパク質と相互作用していたと考えられています。ＤＮＡが他の機能をもたず、遺伝情報の担い手として特化されたことも進化に有利に働いたでしょう。

もちろんＤＮＡ複製酵素が塩基のミスペアを校正する能力を備えていることが、長いＤＮＡ分子の正確な複製を可能にし、進化に有利に働いたことはいうまでもありません。このおかげでより多くの遺伝子をコードできるようになり、ＲＮＡの多様な生理作用をうまく利用することによって、今日の生物がもっている「ＤＮＡ↓ＲＮＡ↓タンパク質」の情報の流れの基本がつくられたのでしょう。

しかし、これで問題が片付いたわけではありません。ＲＮＡはどうして二重鎖の構造を採らなかったのか？　なぜ連続鎖／不連続鎖の複製様式をもたなかったのか？　ＲＮＡ複製酵素がなぜ塩基のペアリングミスを修復できないのか？　ＲＮＡ複製酵素がこのような修復機能をもつことは理論的にも決して不可能な話ではありません。にもかかわらず、二重鎖ＲＮＡは現実に一部のＲＮＡウイルスにしか見られず、しかも連続鎖／不連続鎖の複製様式を採っていません。また

ＲＮＡ複製酵素で校正能力を備えたものは見つかっていません。その理由はまったく不明です。

さらに、核酸（ＲＮＡやＤＮＡ）の複製酵素の起源について基本的な問題が存在します。核酸の複製は複製酵素がなければ複製の速度が非常に遅くなるだけではなく、一〇～一〇〇塩基につき一回ぐらいの割合で複製の誤りが起こるとされています。このような超高変異率のもとでは、核酸の集団が安定に存在するためには少なくとも一〇〇塩基より短いことが必要条件になります（変異の閾値）。ところが正確な複製を担保する複製酵素の遺伝子をコードするには少なく見積もっても一〇〇〇塩基ぐらいの長さのゲノムが必要です。では、ＲＮＡやＤＮＡの複製酵素はどこから来たのでしょうか？　この設問はアイゲンが提出したもので、「アイゲンのパラドックス」といわれ、まだ回答は得られていません。

以上述べてきましたように問題は山積しています。しかし、現存する生物がウイルスを除き例外なくＤＮＡ型生物であり、例外なく連続鎖／不連続鎖の複製様式を使っているという事実はこの複製様式が進化にとって圧倒的に有利であったことを示しています。仮にＤＮＡが連続鎖／不連続鎖様式を採用していなかったとしたら、ＲＮＡとの進化レースに負けていたに違いありません。そして、きっと今日の地球はＲＮＡをゲノムにもつ生物に支配されていたでしょう。

3　進化はなぜ飛躍的なのか

ダーウィンは漸進的進化を唱えたものの、進化が必ずしもゆっくりと同じ速さで進むものとは考えていなかったようです。ところが現代のダーウィニズムは、ランダムな変異の設定と遺伝的浮動や中立説の考え方の影響をうけて、進化の漸進性がより強調されるようになってきたように見えます。

この静寂を破ったのがナイルズ・エルドリッジとスティーヴン・ジェイ・グールドの二人です。彼らは一九七二年にダーウィニズムを強く意識した「断続平衡説」を世に問いました。グールドの学会や講演会、あるいは彼の著書における〝ディスプレイ〟が目立ったこともあって、進化の断続説は一時センセーションを巻き起こしました。

彼らは化石の形態を詳細に調べ、変化は短期間に起こり、その後長い停滞期が続くことを発見しました。たとえば三葉虫の化石の比較研究で、ある時期の地層に特徴の異なる化石が突然出現し、その変化の間をつなぐ化石が発見されないことがあります。いわゆるミッシングリンク（失われた環）といわれる現象です。

これは、化石に残らないほどの急速な進化が起こったもので、「急速進化→長い停滞期」のくり返しが生物進化の一般的パターンであるとグールドらは主張し、「断続平衡」と名付けました。進化はゆっくりと、しかし止まらずに進むという従来の考えに対して、進化は長い停滞期を伴うことを強調した点が断続平衡説の大きな特徴です。

断続平衡説にはいろいろな批判がありました。その一つに、化石が見つからないのはまだ見つかっていないだけで探せば出てくる、化石が見つからないのは偶然化石にならなかっただけである、といったものです。さらに数学的な進化研究で有名なメイナード＝スミスはこういっています。「五万年を要する変化は古生物学者にとっては突然だが、集団遺伝学者にとっては漸進的である」。けだし名言というべきでしょう。

一般に漸進説と断続説は互いに相容れない説だと思われがちですが、断続説はむしろ漸進説を拡張する理論で、ダーウィンが主張した変異と自然選択で化石の断続性は十分に説明できるとグールド自身も認めています。

「利己的遺伝子」で有名なドーキンスも、「断続平衡」を補完するような「速度可変説」を提唱しています。進化の進み方には二通りの型があって、自動車のオートマチックギアのように変速がスムースにおこなわれる「連続的可変型」と、〝トップギア〟と〝停止〟しかない「不連続的可変型」があると主張しています。

また、第6章でも紹介したように、哺乳類と鳥類のアミノ酸置換速度は、他の種にくらべて有意に速いことが認められ、その速度は調節されてきたのではないかと見られています。これは分子進化のレベルで断続平衡を裏付けるものと考えてよさそうです。

現在では、どうやら生物というものは進化的にはほとんど停滞しているのが普通の姿で、ときどき突発的に進化するという考えが定着してきたようです。進化のとらえ方に新しい観点を導入したという意味で、エルドリッジとグールドの貢献は大きいものがあります。以下、断続進化を認めた上で議論を進めていきたいと思います。

ダーウィニズムは突発的進化をどのように説明するのでしょう？　ランダム変異に起因する変異の閾値という〝くびき〟が存在する以上、急速な進化を説明するのは基本的に無理があります。いくら突発的といっても、メイナード＝スミスがいうように少なくとも五万年ぐらいの期間があるでしょうから、その間ずっと閾値を超えた高い変異率を保っていると、有害変異の蓄積により種は消滅してしまうに違いありません。

では、逆に変異が入り続けているにもかかわらず進化が長期間停滞する理由はなんでしょうか？　そこには自然選択に抵抗するしくみがあるはずです。もう一度ダーウィニズムのセントラルドグマである、「ランダム変異→遺伝的浮動→自然選択→進化」という流れに沿って考えてみましょう。この図式のなかで、変異と自然選択は絶対的なファクターですから触れるわけにはいきません。残った「遺伝的浮動」は、ダーウィニズムが進化の「駆動力」を説明する基本的コンセプトですから、ここに進化の長期停滞の理由を求めるのは、自己矛盾といわざるを得ません。あえていえば、遺伝的浮動が起こらない、駆動力を発揮しないという状況を考えるほかありません。

私なりの解釈をすれば、大集団では遺伝的浮動の効果が抑えられ、集団内の遺伝的構成が一定に保たれやすくなるので進化が停滞するでしょう。もちろん小集団では遺伝的浮動の効果が発揮されて進化は促進されます。しかし、本当に何百万年もの長い間、種は大集団を維持し続けることができるものでしょうか？　大集団とはどれくらいの大きさなのでしょうか？　ダーウィニズムでは、大集団のなかにも実質的に生殖隔離された小集団が生まれると主張していたはずです。小集団のままで停滞している化石種はいままで発見されたことはないのでしょうか？

変異率の問題も忘れてはなりません。ラングトンのいうように生物の変異率が閾値ぎりぎりまで高いとしますと、たとえ大集団であっても何百万年もの間、進化が止まっているとは到底考えられません。それともときに応じて変異率を極端に下げるしくみが生物にあるというのでしょうか？　生物が変異率を自由にコントロールできることを認めると、生物側に進化の要因を認めることになり、ダーウィニズムの基本コンセプトに反してしまいます。

グールドらはそのしくみとして、①「遺伝子均一化」（集団間の遺伝子流動による遺伝子型の均一化）、②「遺伝的ホメオスタシス」（遺伝的恒常化。環境の変動に対して遺伝をできるだけ安定に保とうとするシステム）、③「生息地の追跡」（環境が変わったとき遺伝子型をそのままにして以前とよく似た環境へと移動すること）等を考えています。

たしかにいずれも可能性としては否定できません。しかし、何百万年あるいはそれ以上もの長きにわたってとどまることなくランダムな変異が蓄積され続けているにもかかわらず、形態的変化が停止している事実を十分に説明しうるものとはとても思えません。

この三つのうち、「遺伝子均一化」と「遺伝的ホメオスタシス」は遺伝的浮動と関係する事象です。しかし私の不勉強のためでしょうか、これら二つの要因が進化の停滞期の実現に具体的にどれだけの効果をもつものかよく理解できません。少し言い過ぎかもしれませんが、進化の長期停滞に関する断絶平衡派の説明は説得力に欠けていて、なにか、付け焼き刃的ご都合主義のような気がしてなりません。進化の断続現象をダーウィニズムで説明するのはなかなか苦しいというのが私の率直な印象です。

さて、ドーキンスの「速度可変説」にはとても興味があります。ダーウィンの熱烈なサポーターであるはずの彼が、進化は速くなったり遅くなったり速度を調節すると主張するのですから、私にとっては意外です。彼は生物自体にその原因を求めているのでしょうか？　それともその原因を環境に求めるのでしょうか？　それにしても、ランダム変異の立場に立つ限り変異の閾値という壁は絶対に越えられないので、トップギアに入れたとしてもたいしてスピードはでないはずです。ここのところを彼はどう説明するのでしょう？

不均衡進化の視点に立つと、長期にわたる進化停滞を理論的に説明できます。不均衡進化理論の要点は、変異率とは無関係に「元本保証された多様性の創出」というパフォーマンスが発揮されることです。不均衡変異の世界では、環境が安定していても、変異率に関係なく表現型（遺伝子型）を変えずに世代を重ねていくことができますので、当然の帰結として長期にわたる停滞現象を説明することができます。

長期停滞の実現のためには、ＤＮＡ複製の際に連続鎖の変異率をできるだけ低く保つことが必要十分条件です。この条件さえ満たされていれば、原理的には不連続鎖の変異率には関係なくいつまでもベストの戦略を保つことができます。

突発的な進化の実現は、連続鎖の変異率を低く保った状態で不連続鎖の変異率を一方的に上げれば目的は達せられます。

そのときの不均衡モデルの利点は、たとえば大腸菌の場合のように二匹の娘細胞の一方の遺伝子型を限りなく親のそれと同じにしておけることです（元本保証）。これで停滞期における遺伝子型の安定性は保証されます。そのとき、将来やってくるであろう環境変化に備えて、トータルの変異率を上げてバラエティに富む〝斥候〟を出していますから準備万端おこたりなしです。さらに、どんなにドラスティックな環境変化が起こっても、そのあとでさらに変異率を上げることによって環境変化に対応できる余裕を十分残しています。このように、不均衡変異生物は環境変化におどろくほど柔軟に対応できる能力をもっています。

不均衡進化のもう一つの重要な特質は、DNA複製に伴って入る有害変異のリスクを下げることができる点です。トータルの変異率が閾値付近の〝カオスの縁〟にあったとしても、変異を不連続鎖に偏って入れることができますから、連続鎖の変異率はいつも非常に低く保つことができます（元本保証）。つまり、精度の高い連続鎖合成をとおして、一度つくりあげた遺伝子型をそのまま子孫代々に伝えることができますから、理論上は進化を長期間停滞させることが可能になります。もちろん実際の生物は複雑にできていますから、理論どおりにはうまくいかないこともあるでしょう。

不均衡進化理論のロジックが正しいとしますと、環境が変化しない限り進化は停滞し、環境が変化すれば突発的に進化が進むことになり、断続平衡現象をうまく説明することができます。したがって、化石に見られる長期間の形態的停滞とそれに続く突発的な変化は、安定な環境と急激な環境変化に対して、過去の生物が不均衡変異を利用して柔軟な適応能力を発揮してきたことの証しだと思っています。

4　前適応と中立説の関係

進化の機構の一つに前適応という考え方があります。〝前適応〟という語感から、生物は未来に起こる環境変化を予知する能力があり、前もって遺伝子や表現形質（表現型）を準備しているように聞こえますがそうではありません。

たとえばトリは翼を使って空を飛んでいます。トリが空を飛ぶためには、骨の比重を少なくし、背骨は互いに入り組み、尾は短く、翼を羽ばたかせる胸筋をくっつけるために竜骨突起を発達させ、前脚は歩行やものを摑む機能を捨てて翼に変わらなくてはなりません。一般に変異には方向性がないとされていますから、このような多重の偶然が一度に起こる確率は限りなくゼロに近いでしょう。この困難を避けるために考えられたのが前適応という概念です。鳥類は爬虫類である恐竜から分岐し進化してきたとされていますが、寒さに耐えるために体表を羽毛で覆っていた地上歩行性の小型恐竜が木に登る習性を獲得し、ムササビのように滑空して移動しているうちに羽毛を付けた前脚が徐々に翼に変化し、それと並行して飛ぶための条件を満たすように骨組みや筋肉などを改良し徐々にトリへと進化していった、と考えられています。最近中国で羽毛をもった小型恐竜の化石が発見され、にわかにこの説が現実味をおびてきました。

このように、現在使われている器官はもともとまったく別の目的で使われていたもので、いわば古い器官が転用されたものと考えます。その転用の過程、および元の機能を指して前適応と呼んでいます。このように考えますと、ほとんどの器官は程度の差こそあれ前適応の所産であるといえないこともありません。

他の前適応の例として、クリスタリンという透明なタンパク質があります。ヒトを含む哺乳類では眼の水晶体（レンズ）を形成しますが、ホヤでは重力感知機能に使われています。また盲腸はウマやウサギなどの草食動物では立派に消化器官として働いていますが、ヒトでは消化器官としては退化し、その代わり免疫にとって重要な役割を担うようになっています。つまり生物はできるかぎり出来合いのものを改良して再利用し、非常に経済的に進化をすすめているといえます。前適応の面から見ますと、表現形質は自然選択の強い対象であることが想像されます。

この前適応と、自然選択の対象とならない中立変異との関係を考えることで、突発的進化にまた別の説明が可能になります。中立説の提唱者である木村資生は、晩年になって自然選択に関してかなりフランクにご自身の意見を述べておられます（雑誌「Newton」一九八二年八月号参照）ので、以下、木村の文章に従って説明しましょう。

まず、分子進化の中立説は、決して自然選択を否定するものではない、と木村は強調します。特に、タンパク質や遺伝子の重要な部分に生じる変異は個体の死や子供を残さないことによって集団から取り除かれるので、タンパク質や遺伝子レベルで「負の自然選択」は強く働いていると考えられます。しかし、生存に都合のよい変異が自然選択によって選ばれるというダーウィン流の「正の自然選択」は非常にまれだとされています。

むしろ、やや有害か中立の変異が、環境の変化によってたまたま生存に都合のよいものになったというほうが多いのではないかと木村は想像しています。この木村の考えかたは、広い意味で前適応のカテゴリーに入れてもよいと思います。

木村はこうもいいます。「中立というのは絶対的なものではなく、あくまでも相対的なものだ」。例として、医学の発達によって、普通ならば生存不可能な変異を起こした個体も子供を残せるようになり、いままで都合の悪かった変異も中立になると指摘しています。

表現形質レベルの進化においては、すべて自然選択が働いており、中立はありえないという木村の立場から見ると、タンパク質や遺伝子のレベルの中立的な進化と表現形質との関係はどうなるのでしょう。この質問に関しては次のように答えています。

普通一つの表現形質には多数の遺伝子が関係しています。したがってこのなかのいくつかの遺伝子に変異が入っても、生存には関係のない中立的な進化をとげる余地が十分にあると考えられます。逆に、いくつかの遺伝子に起こった中立的な進化でも、表現形質のレベルでは、生存に都合のよいものをつくることができるのです。

つまり、ダーウィン以来、表現形質に現れた変異が生存に都合がよいか悪いか、あるいは集団内で生き残れるか除外されるかという、いわば二者択一的な世界が描かれてきたけれども、中立説は、タンパク質や遺伝子のレベルでは、変異には中立というもっと自由な世界があることを付け加えたのだと木村は主張します。生物はタンパク分子や遺伝子レベルで余裕をもって進化しているというわけです。

実際、哺乳類のゲノムは偽遺伝子や重複した遺伝子、遺伝子のなかにあるイントロン（遺伝情報がコードされていない領域で、翻訳時に切り落とされる）、遺伝子と遺伝子の間を埋める広大な領域（ジャンクＤＮＡ）など、一見なんの役にも立ちそうもない〝ゆとり〟の部分が全体のゲノムの九五％を占めています。この〝ゆとり〟部分は自由度が高く、この領域に入った変異は生存には無関係でほとんど中立変異と考えてよいでしょう。これが新しい遺伝子の〝揺りかご〟の役目をします。木村は、こうした中立変異と自然選択の対象とならざるをえない表現形質の変異との関係を統一的に説明する進化論が今後でてくることを予言しています。

では、中立変異からいかにして突発的進化が生じるのでしょうか。

従来の表現型に着目したダーウィニズム解釈では、突発的進化として、リチャード・ゴールドシュミットが名付けた「前途有望な怪物」（ホープフル・モンスター）のようなものを想定していました。集団内に突如として有利な形質を備えた変異体が現れると考えたのです。ゴールドシュミットは〝怪物〟が生まれる原因を発生過程の乱れによると説明しました。

木村はこの〝怪物〟誕生の原因を中立進化から説明しました。いわゆる「ロイヤル・ストレートフラッシュ説」と称されるものです（命名者はナイジェル・コールダー）。「ロイヤル・ストレートフラッシュ」というのは、トランプのポーカーで、五枚一組のカードがすべて同じマーク（たとえば♥）で「10、J、Q、K、A」とそろったカードの組み合わせをいいます。普通はスペード（♠）でそろえると最高点の上がりになります。

哺乳類における中立の塩基置換は平均して二年に一回ぐらいのすごいスピードですから、何億年という長い進化の時間を考えれば、非常に役に立つ塩基配列が偶然できあがることもあるでしょう。このようにして生まれた新しい中立の遺伝子が、環境が変化した際にその個体にとってきわめて有利な表現形質を生み出す可能性があります。この遺伝子をつくっている塩基の並びを「ロイヤル・ストレートフラッシュ」とたとえたのです。この過程は前適応という言葉にふさわしいといえるでしょう。

このロジックは一応納得できますが、中立説の唱える二年に一塩基置換という変異率の高さが逆に仇となって、せっかくそろった優秀な塩基配列が新しく入る変異のためにまったく価値のない配列になってしまう危険性が非常に高いといえます。ポーカーでいえば、「ロイヤル・ストレートフラッシュ」ができているのに気がつかなくて、一枚カードを変えてしまうようなものです。

実際の生物で説明しますと、一〇億個の塩基対からなるゲノムをもっている祖先生物に中立変異が蓄積した結果〝最高のポテンシャルを秘めた塩基配列〟ができあがったとします。この〝最高の遺伝子〟にも、自然選択にかからない中立である限り、否応なしに変異は入り続けます。それから一億年が経過した時点では、すでに五〇〇〇万個の塩基が置換していることになります。環境が変わって、その最高のポテンシャルが求められるそのときには、もはや元の形の無傷の塩基配列は存在していないでしょう。これではせっかくの苦労が水の泡になってしまいます。

不均衡変異の世界ならば、まったく事情が違ってきます。〝最高のポテンシャルを秘めた塩基配列〟は一つのレプリコアーのなかに十分収まる大きさでしょうから（通常は一つのレプリコアーにジャンクDNAを含めて数個の遺伝子が存在する）、一本の染色体DNAに複数の複製開始点が存在するために起こる〝元本保証の困難〟から逃れることができます。したがって、DNAが連続鎖／不連続鎖様式で複製している限り「元本保証された多様性の創出」機構が完璧に働いて、この〝最高のポテンシャルを秘めた塩基配列〟は集団に永久に担保されることになります。そして、やがて時がきて適切な環境に変われば、新しい遺伝子として発現し、表現形質として具現化されるでしょう。この表現形質が生存にとって非常に有利なものであれば自然選択によって確実に選択されていくでしょう。

ここでクリアーしなければならない重要な問題があります。それは交叉による組み換えです。前に述べましたように、交叉は有性生殖に必ず伴う現象で相同染色体間の塩基の並びの平均化をもたらします。すなわち、〝最高のポテンシャルを秘めた塩基配列〟も、対立遺伝子座の〝普通の塩基配列〟との間で生じる交叉によって塩基配列が平均化され、最高の塩基配列ではなくなってしまう可能性があります。

交叉はところ嫌わずどこでも起こると前に書きましたが、実際は染色体には交叉が起こりにくい場所と起こりやすい場所があります。また、ショウジョウバエのオスのように減数分裂のとき交叉を起こさない生物もいます。いずれにしても、一度完成された中立の「ロイヤル・ストレートフラッシュ」をできるだけ壊さずに子孫に伝えることができるのは不均衡変異様式であることには違いありません。しかし、この点に関して、実際の生物でランダム変異とくらべて不均衡変異がどれだけ優位であるかは今後の研究を待たなくてはなりません。

5 ゲノムの冗長性（進化のポテンシャル）

ヒトゲノムは二三個（染色体数と同じ）のDNA分子からできていますが、これらを縦につなぐと一メートルを少し超える長さになります。塩基対の数は約三〇億個で、遺伝子の総数は最近のデーターでは二万六八〇〇とされています。遺伝子の占める割合は全ゲノムDNAのうちたった五％ぐらいにしかなりません。

ゲノムは長ければいいというものではなくて、一番長いゲノムをもっている生物は、意外なことに単細胞のアメーバーで一〇〇〇億（10^{11}）個の塩基対をもっています。さぞかし無駄な部分が多いのでしょう。ここまで冗長性が大きいと、〝遺伝子の揺りかご〟や〝ゆとり〟というようなレベルを通りこして、多分負担になり、かえって進化の妨げになっていて、それが今でも単細胞にとどまっている理由でしょう。進化するためには適当な〝ゆとり〟が必要で、度を越した〝ゆとり〟や〝遊び〟はかえって進化の邪魔になることを物語っています。なにごともバランスが大切なことは社会生活でも実感しているところです。

それにしても、ヒトのゲノムの九五％までが〝ジャンク〟であるとは、だれも想像もしていませんでした。一体何の役に立っているのでしょう。中立説ではこの冗長な領域こそが未来の遺伝子を創造する〝揺りかご〟であると主張していることはすでに述べました。私もこの主張は正しいと思っています。

ここではゲノムの冗長性の進化的意義を別の切り口から見てみましょう。

最近、遺伝子が存在しないゲノムの領域からRNAが転写されているという報告が目立ちます。このRNAは未知の遺伝子からの意味のあるmRNAであるという考えや、相補的なDNA領域にくっつくことによって、遺伝子の発現を制御しているという可能性も示唆されています。

このような可能性は大いにありうると思いますが、私はただDNAを鋳型にしてRNAを合成しているだけで、今のところなんの意味もないことをしているケースの方が多いと考えています。生物というものは考えているほどソフィスティケート（洗練）されたものではなく、いい加減なところもあるので、それが遺伝的または生理的な柔軟性のもとになっていると思います。

もう一つ考えられるのは、「ストレートフラッシュ」のような素晴らしい塩基配列が偶然できあがっても、mRNAに転写されなければなんの意味もありません。mRNAへと読み取られるには、読み始めと読み終わりにそれぞれに特異的な塩基配列が必要です。これらの配列は「ストレートフラッシュ」ができてから泥縄式でつくっていては間に合いません。したがって、いつなんどき新規の遺伝子が創造されても大丈夫なように、その領域で練習用のmRNAをつくり続けているのではないでしょうか？　いわば自動車のエンジンの〝アイドリング〟の状態だと考えればよいでしょう。アイドリングを継続するためには、つくられたRNAが何らかの機能をもっている必要があります。そうでないとRNAの読み始めと読み終わりの部分のDNAの塩基配列は中立になってしまい変異によってやがて壊されてしまうでしょう。

このゲノムの冗長な領域はレトロウイルスの攻撃から身を守る役目を果たしているとも考えられます。エイズや白血病を起こすウイルスはRNAゲノムをもち、ウイルス自身の逆転写酵素が自身のゲノムを読み取ったDNA断片を作製し、これを宿主のゲノムDNAに潜りこませ、冬眠状態で宿主のDNAと一緒に宿主に複製してもらうのです。

もしヒトのゲノムが冗長な領域をもたずに、大腸菌のようにほとんど遺伝子だけで成り立っているとしますと、約五センチメートルのゲノムになります。このようなコンパクトなゲノムをもつ細胞にレトロウイルスが感染しますと、非常に高い確率で遺伝子そのものにウイルスのDNAが挿入されることになり、致命的な結果をもたらすでしょう。ゲノムが短いからといって攻撃される確率が小さくなるわけではありません。なぜなら、レトロウイルスはDNAを探し出して積極的に攻撃するからです。いわば、レトロウイルスは宿主のDNAの〝におい〟を嗅ぎわけて能動的にDNAに侵入してきます。

ヒトのゲノムのように、ゲノム全体に遺伝子がばらまかれていると、単純に計算してもレトロウイルスのDNAが遺伝子に当たる確率は二〇分の一に減ることになります。実際、ヒトのゲノム中にはレトロウイルス由来と思われる塩基配列が無数といってよいほどくり返し存在しています。レトロウイルスのDNAが宿主のDNAに入るときにはお互いに似かよった塩基の間ですり替わることが多いと思いますので、冗長な領域への挿入の確率がますます高くなるでしょう。つまり、宿主から見れば、ゲノムの冗長な領域はレトロウイルスの攻撃から自分の身を守るための〝影武者〟としての役目を果たしていることになります。

次は遺伝子発現のコントロールの問題です。個体発生の過程では形態が段階を追ってつくられますが、その節目節目で特定の遺伝子群が発現されることが知られています。この、遺伝子発現のタイミングとその発現量の制御は確率論的な現象です。

すなわち、必要な遺伝子を特定の時期に特定の量を正確に発現させるには、まずその遺伝子（遺伝子a）の発現を制御する上位の制御遺伝子bの遺伝子産物B（制御物質＝タンパク質）が要ります。制御遺伝子の発現のしくみは別にして、まず制御物質が遺伝子aの上流にある塩基配列を認識してそこにくっつくことが必要です。すると遺伝子aのすぐ上流にあるプロモーター領域からmRNAの転写が始まり、最終的に目的のタンパク質Aが合成されることになります。この反応にはフィードバック機構が働いていて、典型的には最終的に誘導されたタンパク質Ａが制御遺伝子ｂの発現を抑えます。このようなサイクルをネガティブ・フィードバック機構といい、遺伝子産物Ａの発現量を調節しています。

制御物質が遺伝子の上流のＤＮＡから離れると自動的に転写はストップします。つまり、制御タンパクはくっついたり離れたりしています。くっつき加減は制御物質の核内における濃度とＤＮＡへの吸着力に依存します。フィードバック・サイクル全体が吸着・離脱をくり返す確率現象に支配されていることを実験的に示したのは、新技術事業団「古澤発生遺伝子プロジェクト」時代の洪実です。

さて、いくら生物はいい加減なところがあるからこそ生きていけるのだといっても、発生の過程を確率現象だけに任せておいて、かくも正確にヒトがつくれるのでしょうか？　もっと厳格な規制があってしかるべきだと思わないでしょうか？　その規制の役目を担っているのが染色体としてのＤＮＡであると私は考えています。

一つの染色体は一分子の長いＤＮＡ（ヒトでは数センチメートル）がぐるぐると巻かれ、折りたたまれたものです。ここで遺伝子のことはちょっと忘れていただいて、染色体のＤＮＡの物性（物理学的性質）について考えてみます。一分子のＤＮＡの物性は塩基の並び方で一義的に決まります。この決まり方は先ほどの遺伝子発現の確率論的きまり方と違って、物理的なものですから決定論的で、いかんともしようがありません。平たくいえば、一塩基違えば理論的にはＤＮＡ分子のとる形は違うという意味です。ひも状のＤＮＡの折りたたみの形状が違えば、当然遺伝子の相互作用に対する拘束の仕方に違いがでてくるでしょう。このように、決定論的現象で支配されているDNAの物性が、DNA上にある遺伝子の発現の確率論的な制御システムを強く規制しているからこそ、間違いなくヒトの受精卵からヒトが誕生するのです。

生物学的な表現をしますと、「連鎖」が形態形成に決定的な役割を果たしていることになります。一本の染色体の上に並んだ一〇〇〇を越す遺伝子を一からげにしてDNA自身が遺伝子発現を強制的にコントロールしているわけです。DNAが一分子である事実を忘れないでください。

証拠として二、三例を挙げてみましょう。トータルの遺伝子はまったく同じでも、染色体のかなりの領域が他の部分へ転移すると発生異常が起こりやすくなります。先祖型のサルからヒトへの進化は、先祖型のサルの二本の染色体が融合したのが原因の一つではないかといわれています。さらにヒトの個体間の差は一塩基置換の数で一〇〇〇万個だとされています。この組み合わせが個性をつくっているのですが、塩基置換の大部分はゲノムの遺伝子のない冗長な領域にありますから、個性の差の一部は染色体DNAの物性の差を反映していると考えてもよいのではないでしょうか。

さらに大きなスケールで起こる染色体DNAの変化があります。それは、冗長領域にあるくり返し配列間で起こるずれた交叉です。ずれ交叉による染色体DNAの延び縮みはDNAの物性に大きな影響を及ぼしますから、遺伝子をまったく変えずに個人差（個性）をつくり出す非常にうまい方法だと思います。

このようにゲノムの冗長な領域は非常にアバウトなやりかたで形態や個性の進化に貢献してい

るといってよいでしょう。逆にいえば、もしヒトを含む高等動物のゲノムに冗長性がなければ、いまよりずっと味気ない世界になっていたでしょう。

6　遺伝子重複と倍数進化

なにごとをするにも、ゆとりがあることは進歩するための重要なファクターです。かちかちに堅い頭では自由な発想は出にくいでしょうし、心に余裕がないと、いい仕事はなかなかできません。

前節で見たように、ヒトゲノムには九五%ものジャンク部分があり、冗長性にはさまざまな利点が考えられますが、ゲノムにゆとりがあると進化しやすいという考え方があります。たとえば、もし同じ遺伝子が重複していたとしたら、一方の遺伝子で生きるために必要なタンパク質をつくり、片方の遺伝子には多くの中立変異をためこんで、「ロイヤル・ストレートフラッシュ」とまではいかないまでも、よりよい遺伝子の誕生を待ち続けることができるということになります。

このような発想は昔からありましたが、大野乾は遺伝子重複の進化における役割をもっとも強く主張した研究者です。大野は遺伝子重複による新規遺伝子の創生を「一創造百盗作」と表現しています（『生命の誕生と進化』）。一番最初の遺伝子さえ創造すれば、あとはそのコピーをたくさん準備し、元の遺伝子を手本にして少しずつ改良を加えていくことによりいくらでも新しい遺伝子ができるという考えです。

遺伝子の重複が重なるとますますその効果が強調されます。一度重複が起こって隣同士に二個の遺伝子が並びますと、あとはいくらでも重複数を増やすことができます。すなわち、重複した二個の遺伝子が相同染色体上にある場合、一つずれて相同の位置で交叉が起こると、遺伝子が三つ並んだ染色体と、一つのものが生じることになります。ずれた交叉をくり返すと、いくらでも遺伝子は増えていきます。大野は私との会話のなかで、難しいのは最初の遺伝子が二つになるメカニズムで、そう簡単にはいかないだろうといっておられました。しかし現実には、遺伝子が二つ並んでいる例は散見されます。

このように、遺伝子重複は不均衡進化理論のコンセプトである「元本保証された多様性の創出」というパフォーマンスを違ったかたちで演出していると見ることができます。さらに、連続鎖／不連続鎖方式による不均衡変異が、遺伝子重複による進化促進効果を助長するように働くと考えられます。

遺伝子重複よりもっと大々的な重複はゲノム全体の倍化です。大野はゲノムの重複による遺伝子数の爆発的な増加が高等生物の進化に役立ったと主張しています（『Evolution by Gene Duplication』）。パンコムギが六倍体であることは前に述べましたが、なんと被子植物の約半数は倍数体です。たとえば四倍体の体細胞では同じ遺伝子が四個重複することになりますから、各遺伝子は三個の余裕があるのでたくさんの試作品（〝盗作〟）をつくることができます。その結果、細胞機能の自由度が飛躍的に増大し、一つの体細胞から植物体をつくり出せるような多能性を発揮することができるようになったのでしょう。

これに対して、動物はほとんどが二倍体で例外的に倍数体が存在します。よく知られている例を挙げますと、ウーパールーパーでお馴染みのメキシコ・サラマンダー（三倍体、四倍体、五倍体）、発生の研究でよく使われるアフリカツメガエル（四倍体）、フナ（三倍体、四倍体）等です。奇数倍体は正常な配偶子ができませんから、メスだけの単為生殖で増えなければなりません。

酵母のゲノムも一億年ほど前に倍化したという説もあります。二倍体であるヒトゲノムも進化的視点から見れば進化の過程で部分的に倍化が起こったという解釈もできるようです。つまり、長い進化の間には、遺伝子レベルからゲノムレベルまで、いろいろなスケールで倍化が起こったと考えるのが正しいでしょう。このように倍化によって、大きなスケールで「元本保証された多様性の拡大」が起こり、そのつど生物の進化は加速されたと考えられます。

木村資生のロイヤル・ストレートフラッシュ仮説、つまりゲノムの冗長な領域が新しい遺伝子の揺りかごであるという説、そして大野の遺伝子重複とゲノムの倍化説、両者の考え方には「元本保証された多様性の創出」という原理が共通して底辺に流れていると考えられます。

ここで偉大な生物学者であった大野乾に敬意を払って、氏のエピソードに紙面を割きたいと思います。

海外の研究者の友人たちに、日本人の生物学者でだれが一番魅力があるかと問いかけますと、異口同音に、それはミスター・オオノだという返事が返ってきました。彼の著書は、膨大な事実に基づく考察、鋭い視点、知識の広さと深さに満ちています。そして品性の高いユーモアが人を引きつけて離しません。なんといってもＤＮＡの塩基配列を音楽にしてしまう人ですから。

一九九四年三月三日、私は米国シティ・オブ・ホープにある大野氏の研究所へ招かれ、不均衡進化のセミナーをしました。氏は途中から膝を大きく縦にゆすりながら一生懸命に聞いてくださいました。氏は、自分の遺伝子重複とゲノム倍化説が、「元本保証された多様性の創出」という原理において不均衡進化説と通底するところがあるとすぐに察知されたのでしょう、不均衡進化のアイデアを実によく理解され、お互いの説を討論する必要はもはやまったくありませんでした。

セミナーが終わると、同行した共同研究者の土居ともども氏のご自宅へうかがい、奥様はじめ、研究室の方々と明るいうちから赤ワインを飲み、科学談義や馬の話に花を咲かせたことを想い出します。

それから二年後の、三月六〜七日、東京でおこなわれた新技術事業団主催の『Experimental Approach to Evolutionary Biology（進化の実験的アプローチ）』と題する第四回国際シンポジウムに講演者としてご招待しました。コーヒーブレークの折に、私が所有している三一フィートのヨットの話をしました。ヨットには、ダーウィンが探検のとき乗った軍艦にちなんでビーグルII世号と名付けたと話すと（Science Vol. 272, 816, 1996 参照）、大野氏はご自分の上着のポケットから無造作に読みかけの本を取り出し、その場で裏表紙に「To Dr. Furusawa, a lover of sailing ships and boats. Susumu Ohno」とサインをして私に下さいました。『Master and Commander』（P・オブライエン著）という帆船の船長に関する本です。

一度東京湾でビーグルII世号に乗船されたことがありましたが、二人で赤ワインを飲んで海の話ばかりしていました。帰りのお酒の席でしたが、自分はジンギスカンの末裔でその証拠の痣（あざ）があると力説されていました。高名な遺伝学者のおっしゃることですから信じたいのですが、真偽のほどはわかりません。しかしその気にさせる風貌の持ち主であったことは間違いありません。二〇〇〇年一月初旬に突然の訃報に接したときには我を失いました。〝擬態の進化〟についての議論が中途に終わってしまったことが心残りでなりません。

第4部

生命と進化

第9章
生命の美学

前章までで、不均衡進化理論についての生物学的な側面からのお話は終わりました。

ここでは、不均衡進化のコンセプトを踏まえながら、自然科学の枠に縛られずに自由な立場から、心の問題や人間社会の構造等に話をひろげてみたいと思います。

1　科学と美学（科学と研究における美意識）

一つ年上の兄が画家であることや、兄弟の競争意識も手伝って、心のなかではいつも芸術と科学の間をさまよう人生を送ってきました。高等学校では野球部と絵画部に席をおいていましたが、芸術とは何かを真面目に考えることをしないままに、いつの間にか科学の道に進んでいました。今になって、芸術と科学は通底するところがあることにやっと気づきました。

絵を描く行為は、単にモチーフをキャンバスに写しとるのではなく、心に感じたことを表現するものであることを最近の兄の画から学びました。科学する行為も突き詰めますと同じようなところに行き着きます。

自然現象を記述し、理解し、法則を見つける科学者の行為は、われわれの脳を通してしか実行することはできません。科学的事実や法則といえども、結局は脳を通して認識されたものの一表現にすぎませんから、主観的要素がまったく入らない絶対的な存在であるはずはありません。この意味では、われわれは生命や物質の本質には永遠にたどりつくことはできないことになりますが、ここにこそ、科学の世界にも心の領域である美学が入り込む余地があると考えます。理論物理学者は「自然は単純で美しい」という言葉を残していますが、おそらくこの点を指しているのでしょう。私はこの言葉の意味を、美しいものは本物である、と解釈しています。

ニュートンの運動方程式〔$F=ma$〕も、万有引力の法則〔$F=G\frac{Mm}{r^2}$〕も、観察をもとにして直観力によって導き出されたものです。素人の私が見ても、この二つの方程式は単純で美しいと感じます。特に、現在に至っても重力の実体が解明されていないのに、三〇〇年以上もまえに万有引力の方程式が発見されている状況は、遺伝物質の実体も不明な時代にメンデルが遺伝の法則を発見したのとよく似ています。これこそ科学がロジックだけで進むものではなく、美学の世界に通じる直感力（ひらめき）という心の領域の所産であることを物語っています。

進化加速の実験を実行するにあたって一番の悩みは、そしていまも悩んでいる問題は、なにをもって進化したとするのか、その判断基準をどこに置くかということです。生物学の実験では、対照実験（コントロール）を設定し、それとの比較において、本実験の結果に意味があるかどうか、それとも単なる偶然の揺らぎの結果なのかを判断します。対照実験のとり方が研究者の腕の見せどころです。ところが、進化加速実験における結果の判断基準に関しては、対照の設定はほとんど不可能です。

妙な生物が生まれてきても、単なる奇形なのか、進化の結果なのかの判断は研究者の主観にゆだねる以外に方法がありません。ソムリエがワインのでき具合を見分けるのと同じように、客観的（科学的）ではなく、ソムリエの主観（感性）にたよるより仕方がありません。

そこで私は、進化加速実験において、もし〝美しい変異体〟が生まれてきたならば進化したものと判断することにしました。理由は簡単です。すべてこの世の生き物は私にとって〝美しい〟からです。オキノテズルモズル（メドゥーサの髪の毛のように、いくつにも枝分かれした茶紫色の先の巻いた脚をくねくね動かす大型のヒトデの仲間）やイボイノシシを見てもやはり美しいと感じます。たぶん、野外やテレビなどでいつも慣れ親しんだ生物のなかに〝美しさ〟を感じ、そことつながっていれば、まったく新しい生物に出会っても〝美しい〟と思うのでしょう。未来の生物は現存生物の延長線上にありますから、われわれが未来生物に会うことがあれば、同じように〝美しい〟と感じるでしょう。つまり、進化加速を実験している研究者が、自分の感覚で〝美しい〟と感じれば、それは進化したと判断するのが自然な態度だと思うのです。なんとも非科学的で独断的分類法であることはよく自覚しています。対称性が醜く崩れたもの、見るからに病的なもの、生殖能力に欠陥があるもの等は、有害変異体に分類されます。

大腸菌や酵母などの単細胞生物の場合も、変異率が異常に高いにもかかわらず、増殖のスピードは落ちることなく、環境の変化にも敏感に反応していますので、実験は成功していると考えています。単細胞の表現形質の変化は見分けることが難しいですから、進化した実感を外観から捉えるのは困難です。しかし、いろいろな極限環境にもすぐに適応し、増殖を続けることができる細胞は、〝美しい変異体〟と呼ぶにふさわしいと思っています。

2　科学と直感

学生時代から数学があまり好きになれず、物理は高等学校ではほとんど授業に出なかったために、独学で大学と大学院を受験することになりました。いまでも数学と物理は不得手なので、「科学と直感」について語る資格はまったくないと自覚しています。しかし、私なりに読者のみなさんに伝えたいことがありますので、あえて意見を述べることにしました。

自然科学のなかでも、数学と物理学はもっとも直感とひらめきが要求される分野であると思います。ガリレオやニュートン、アインシュタイン、さらには十八世紀の数学者レオンハルト・オイラーのように、天才と名のつく人たちの大きな発見は、ほとんど直感とひらめきによるものだと聞いています。なかでも、ガリレオとアインシュタインは机上実験の名人だったようです。自分で問題を設定し、頭のなかでモデル化して架空の実験系を組み、解答まで出してしまう能力にきわめて優れていたといわれています。これらの天才をみていると、先に答えがわかっていて、後から説明のために数学を使っているようにさえ思えます。

数学者の不可思議なところは、頭脳という閉ざされた世界で創られた公式が、実践科学である物理学の実際の計算の場で使用できる場合がしばしば見られることです。有名なオイラーの恒等式〔$e^{i\theta}=\cos\theta+i\sin\theta$〕なるものは、純粋数学のみならず、電気工学や物理学等の数理的な研究に出てくる微分方程式を解くときに非常に役に立つ、万能の公式であるとの評価を受けています。

オイラーの万能の公式の発見の経緯を一般化して私なりに考えてみたいと思います。ヒト（ホモ・サピエンス）の思考は、大天才といえどもヒトの脳の機能の特性とキャパシティの制約を受けて、ある程度定式化されたパターンのなかに収まらざるをえないのではないでしょうか。別々の個人が、まったく異なった分野の学問を研究していても、意図せずとも、思考方法やその表現方法そのものに、どこか共通点が出てきてしまうのではないかと想像します。もちろん、思考パターンの共通化の原因には数学教育の影響も見逃せないと思いますが、発見がオイラーの恒等式のように、自然現象の本質に近ければ近いほど、普遍性（応用性）が広がるということではないでしょうか。

この理屈を延長しますと、過去の天才と呼ばれる人々の仕事は科学の発展のスピードを上げるのには非常に役立ったけれども、仮に天才たちがいなかったとしても、現代の自然科学のレベルには時間さえかければいつかは到達できる、ということになります。ヒトの思考パターンに内在的な限界があるとすれば、これが現代人ホモ・サピエンスの科学におけるリミッティングファクターになるでしょう。つまり、現代科学は、あくまでも霊長類の一種であるホモ・サピエンスがつくりあげた自然観であって、自然現象の捉え方にはまだまだ別のアプローチがありうることになります。

先に、人類の未来について述べましたが、未来人において、大脳新皮質に質的な変化が生じたり、〝新・新皮質〟の追加のような劇的進化が起こると仮定します。その結果、思考パターンの進化が起こり、現代人が想像もできないような新しい科学が誕生する可能性は否定できないでしょう。しかしそれでもなお、自然の本質は捉えることができず、まるで逃げ水のように遠ざかり、永遠の謎として存在し続けると思います。この〝逃げ水〟をその時点での〝神〟と表現しても差し支えないと思います。

このようなヒトの脳の限界について一つのエピソードがあります。二〇〇五年七月七日に早稲田大学理工学部の一〇〇名ほどの大学院生に不均衡進化論を講義する機会がありました。話の終わりに、生命科学者がいくら頑張っても生命の本質には迫れない、という趣旨のことを話しました。階段教室の上の方で聴いていた一人の学生から、「オイラーをどう思いますか?」という質問を受けました。その場の雰囲気から、彼の質問の意味を理解した学生は少なかったと思います。オイラーは自然の本質を捉えているから私の結論は正しくない、という意味であることはすぐにわかりました。

まさかこの場でオイラーが出てくるとは予想もしなかったので、答えに窮し、講義が終わって降りてきた彼をつかまえ、「オイラーか、そうかも知れないな」と、あいまいな返事をしました。これが学生側からの唯一の質問でした。数学を知らない私ですが、それ以来、オイラーはもしかすると、いままでに自然の本質に一番近づいた人ではないか、と思うようになりました。

その学生は背が高くひげ面で、腰に大きな瓢箪をぶら下げており、その素浪人といった風情から平手造酒（ひらてみき）（幕末の剣士で、笹川一家の用心棒となり酒で身を崩し一生を終える）を思い出し、「酒か？」と尋ねましたら、「いいえ、水です」との答えでした。その風貌と数学者オイラーとのコントラストがなんとも絶妙で、記憶に残る出来事でした。

　生きている限り、人はだれでもいい仕事を残したいと思っています。私のような数理に弱い凡人が、科学の分野でなにかを残すにはそれなりの工夫と努力が必要です。つまり、直感やひらめきが起こりやすいように自ら状況をつくり出す努力が必要だと考えています。今から述べる内容は、私のつたない経験から編み出した私なりの手法です。あまり努力を要しないのが特徴ですが、人に薦められるような代物ではありません。しかし、なにかのお役に立つかもしれませんので、この機会に恥を忍んでご紹介することにします。

　最初にやるべきことは、本当に知りたいことを決めて、それを片時も忘れずに頭の片隅に置いておくことです。専門の研究者であっても、目先の目標はすぐに設定できますが、学者生命を賭けるような目標を具体的に決めることは意外に難しいものです。私の目標は「進化の加速」で、すでに中学生の頃から決めていました。

　目標が決まればその後の作業は簡単です。目標の内容などあまり詮索せずに、お題目だけ唱えていればいいのです。この記憶は長続きさせることが大切ですから、日常的に脳にインプットすることだけを意識していればそれで十分です。しかし、これを実行しますと、会話の途中で突然返事をしなくなったり、とんちんかんな返事をすることなどが起こりますが、相手もそのうちに慣れてきます。

さて、これで準備完了です。もしあなたが研究者であれば、実験の途中や人の講演を聴いているとき、あるいは、ビーカーを落として割ったときのような、あらゆるショックや感動を受けたそのとき、ときには道を歩いているときでも、インプットされている本当に知りたい目標と、脳内の記憶（現在進行中の事柄も含めて）とが自然に結びつくようになります。私の場合の引き金は、コーンバーグが講演に使った一枚のスライドとその場の雰囲気でした。このとき作為的に記憶を結びつけようとしてもほとんど意味はありません。偶然に結びつくようになるまで我慢する〝悟りを開く〟ことが必要です。

私自身、最終目標である「進化の加速」と、一九六七年に発見された「岡崎フラグメント」とは、不均衡進化論を発想した一九八八年までの二〇年間に何度となく脳裡に同時に認識されていたはずですが、そのチャンスを生かすことがまったくできませんでした。

ところが、コーンバーグというビッグネームとその場の状況が、一見無関係に見える二つの記憶を〝有機的〟に結びつけたのだと解釈しています。有機的という意味は、単に二つの記憶が同時によみがえるのではなく、両者の間に因果関係や相互関係が形成されることを指しています。

つまり、直感やひらめきとは、独立して存在している記憶と記憶が、脳のなかで偶然の出来事によって結びつき、論理性を超えたステップを通して触発され、両記憶間に因果関係や相互関係が存在することがあらたに認識されることだと思います。

われわれ成人の脳には無数の記憶がインプットされています。普段はこれらの記憶は脳の別々の場所に埋没しているのでしょうが、何かのきっかけで呼び起こされた記憶と記憶が有機的に結びついたときに、新しい発想が生まれるものと考えています。もしかすると、天才にはこれを自由に実行できる能力が備わっているのではないでしょうか。

凡人である私のやり方は、一つの記憶をいつも〝オン〟の状態に固定しておいて、この記憶と別の記憶が偶然に結合するように精神構造を意識的につくりあげていることにあります。

私には有用な記憶と記憶を意識的につなげる能力がありませんので、偶然に頼るしか方法がありません。そこで、ただ待っていては、いつひらめくのか、それとも永久にひらめかないかもわかりません。そこで、ひらめきの確率を上げるために、大元の大切な記憶をいつも〝オン〟の状態に意識的に保つようにしているつもりです。今にして思えば、一種の「元本の保証」システムだといえます。

生来のものぐさな私が、五〇年以上もこの状態を続けていられるのですから、大した努力を要さないことは確かです。この方法の何よりのメリットは、あまり多くの知識を詰め込まなくてもよい点です。記憶の量が多すぎますと、かえって〝当たり〟の確率が減るような気がしないでもありません。だからといって、新しいことを勉強しないと、古い記憶の全部が〝空くじ〟になってしまうという心配もあります。ここのところの匙加減が難しいところです。

このようなつまらぬことで悩まずに、普通に勉強をしていたら、もう少し早く不均衡進化論にたどりついていたのかもわかりません。しかし、こればかりは進化の加速実験と同じで、対照実験の設定のしようがありません。

3　不均衡進化論と会社経営

不均衡進化論の根幹をなすコンセプトは「元本保証された多様性の創出」の一語につきます。このコンセプトの含意を具体的に表現したものが図4－5bのDNAの系譜（85頁）です。この図を使って、不均衡進化論のコンセプトが会社経営の理念とも一脈通じるところがあることをお話ししたいと思います。

系譜の一番下に並んでいる第三世代の八個のDNAに注目することにしましょう。一番左のDNAは大元の遺伝情報をそのまま受け継いでいます。一方、一番右端のDNAはこの八個のなかではもっとも多くの変異を蓄積し、大元のDNAとはずいぶん違った遺伝子型になっています。その他の六個のDNAは上の二つの中間の遺伝子型をもっていますが、一つとして同じものはない個性豊かな集団です。この遺伝子型の割り振りのパターンは、世代を重ねても基本的には変わらないことは明らかです。

今度は系譜全体を眺めてみましょう。この系譜の重要な点は、過去に一度現れた遺伝子型が永久に担保されていることです。これまで強調してきましたように、この元本保証のパフォーマンスが、種を守り、一方で進化することもできる、きわめて理にかなったシステムであります。もちろん、理論の提唱者である私は、「元本保証された多様性の創出」を演出できるこのDNA複製方式が、種が存続し進化するための必須のシステムであると信じています。

ここで、集団（種）を会社に、それぞれのDNA分子を会社の社員に置き換えてみましょう。

いまのところ、全社員八人の中小企業です。八名のなかに社長は含まれていません。

左端の社員は社長の命令を忠実に守って、黙々と業務をこなすタイプの人です。「イエスマン」と陰口をいわれることもありますが、社長が頼りにしている人物であって、このような堅実な社員がいないと会社は困ります。しかし、全員がこのタイプですと、会社の飛躍的発展は望めないでしょうし、危機をうまく切り抜けることはかなり難しいでしょう。

一方、右端の社員は、さきの社員とは正反対で、自由にものを考える独立精神の強いタイプです。非常に魅力的で、将来会社を背負って立つ人物になる可能性を秘めています。しかし成功する確率は非常に低いと社長は考え、とりあえず会社が順調にいっている間は、自由にやらせておこうと思っているでしょう。社員がこのような自由人ばかりですと、会社がすぐにつぶれることは火を見るより明らかです。

残りの六名は、社長の命令もよく聞きますが、適当にオリジナリティを発揮して、ある人は飛躍が望めるでしょう。いわゆる秀才タイプです。このような社員ばかりでもうまくいくように思われるでしょうが、現実には、左端のような生真面目な社員がいないと経営は成り立ちません。会計係や、政府関係に提出する資料を作成する人物がオリジナリティを発揮してもらっては困るのです。

以上の八名のように、性格や能力を見極めた上で、適材適所にバランスのとれた人事を考えることが会社経営には大切なことです。よくいわれるように、会社は生き物ですから、この中小企業もうまくいけば大企業に成長するチャンスがあります。会社の規模の大小にかかわらず、この図の第三世代のように、人材のバランスを保つことが大切です。

さらに、蓄積されたノウハウを確実に後輩社員に伝えることも重要です。図に示された系譜では、一度現れた遺伝子型は確実に子孫に伝わりますから、DNAの世界では正にこの継承が確実に実現されていることになります。

会社経営の難しいところは、社内外の情況によって最適人数が自然に決まることです。ときには新規採用人数を制限し、ある場合には社員の解雇を余儀なくされる事態も生じます。自然選択ならぬ人為選択です。このとき、社員の選抜と再配属の際に、会社全体としての社員のバランスをできるだけ崩さないことが肝要だと思います。

生物学的にはヒトは霊長類のなかの一つの種にすぎませんから、当然、種のルールに支配されています。「元本保証された多様性の創出」が種を支配するルールの一つであるとしますと、そのヒトがつくった会社という有機的組織の存続と発展が、種を支配する基本的ルールに支配されているとしても決して不自然ではありません。製薬会社に四半世紀あまり勤めた経験からも、生物進化と会社の盛衰との間に共通原理が働いていると強く感じています。

最近、〝会社の進化〟という言葉をよく耳にします。しかしほとんどの場合、〝会社の発展〟と同義語です。私は会社も生物集団と共通する原理に基づいて動いていると思っています。進化も退化もするし、気づかぬうちに、進化の袋小路に入り込んでしまうこともあります。つまり、時代に適合して大会社に成長することもありますが、内部要因と外部要因（選択圧）が重なって、結局は時代の変化に適応できずに衰退の道をたどる危険性があります。昨今、このような例は枚挙に暇がないほどです。

〝不敗の戦略〟であるはずの不均衡進化論が、会社経営にどこまで役に立つかはわかりませんが、一つの会社が同じ業務内容で永遠に生き残ることは不可能です。いつかは分岐し、自ら新しい会社に進化する必要があることだけは確かでしょう。リーマンショックのような経済環境の激変の後には、必ず大繁栄が待っているのが生物進化の教えるところなのですが。

4 保守と革新の葛藤（生命の本質）

不均衡進化論に行き着いてから早くも二〇年あまりが過ぎました。進化を加速するといっても、やはり進化の実験は時間がかかるものだと実感しています。この間に十分に時間がありましたので、進化関連の読書、討論のかたわら、不均衡進化論について考えを巡らしていました。そこでこの機会に、だれもが一度は考えたことのある問い、「生命とは何か」に対する答えをまとめてみることにしました。不均衡進化論を踏まえて、私なりの生命観を述べてみたいと思います。

森羅万象のなかで、生命にだけ存在し、かつ生命現象に共通する本質（Nature）は、「保守と革新の葛藤（Conflict）」である、と表現できると思います。

西欧の哲学や科学は神との対峙に始まったとされます。現在でもその理念は学校教育に反映されています。自由意志（Free Will）の概念の教育がその一つです。絶対的存在である神は、いわば保守そのものであり、神に逆らって新説を唱えるのは相当の覚悟が必要だったでしょう。地動説を唱えたガリレオが受けた精神的迫害をみれば明らかです。生物学者石川統（はじめ）の言葉を借りれば、神は科学の〝反面教師〟です。西欧から近代科学が誕生した理由の一つは、絶対的権力をもっていた教会の教義に対する疑いにあったのです。

現代の科学界でもよく似た状況が見られます。主流の学説に対抗して新説を提唱するには、あらゆる圧力を覚悟しなくてはなりません。新説が本質を衝いていると、新参者を弾圧する力がより強まる傾向があります。しかし、既存の学派からの批判と反論が、かえって研究のエネルギーに転化され、双方の研究の進展に資することはよくあることです。

保守と革新と聞けば、政治の世界を連想します。成熟した民主主義国家である英国や米国のような国では、保守・革新の二大政党が交互に政権をとり、政権交代のたびに起こる議論を通して政治が徐々に洗練されてきたのでしょう。どこかの国のように、人数合わせのためにだけ、保守と革新が安易に手を結んでいるようでは、結局はどちらの利にもならず、国民にとっては迷惑な話です。

科学や政治のように、主導権を競う世界においては、保守と革新の争いは不可避です。そして、逆説的に聞こえるでしょうが、保守側が強固であればあるほど、革新側の質が高まり、うまくいくと両陣営ともに成長します。その結果として、よりよい成果がより早く生まれてくると考えます。この図式は人類がもっている一種の性（さが）、生まれつきの性質のようなもので、動物や人間の社会にとどまらず、生命活動のあらゆる場面でその姿を垣間見ることができます。

手近な例でお話ししましょう。わが国には、茶道や柔道など習いごとに、道（どう）と名のつく一種の学校が存在します。私は活花と空手を習った経験がありますが、ここでは華道を採りましょう。

未生流における活花の基本は、直角二等辺三角形のなかに、体・用・留の三本の花を配する「三才格」と呼ばれる盛花です。新人はこれを徹底的にたたき込まれます。もちろん、これを基本に多くのデフォルメがありますが、たとえ師範であっても、常に基本に帰ることが大切だとされています。

華道の家元は頑固なまでに基本の型を弟子たちに伝えようとします。お弟子さんのなかには、同じことのくり返しに満足せず、少し改良を加えてオリジナリティを発揮しようとする人が必ず出てきます。家元は弟子の自由を強く束縛します。そうしないと、家元が主催する華道そのものが成り立たなくなります。

家元のかたくなな態度に革新派のフラストレーションはたまる一方で、革新に力を注ぐことになり、同志を募って力を蓄えます。やがて両者の緊張が臨界点を超えると、爆発し、破門、そして新流派の誕生となります。ここでのポイントは、家元の自己保全の意志が強いほど、分岐して生じた新流派の活花のスタイルはより先鋭なものになる可能性が高いことです。このようなプロセスを経て新流派が生まれるのは、ある意味で理想的です。よく見られるパターンは芸術以外の問題でのトラブルや、家元の下に複数の師範ができてしまったために、分派を余儀なくされた場合です。後者のケースでは、争いごとがなくていいのですが、ルネッサンスのような際だった飛躍は望めないでしょう。

内的原因で起こる組織の分裂は、なにも華道の世界に限ったことではありません。およそ人間が関係するどのような組織にも日常茶飯に見られる現象です。それらの大部分は、私が「保守と革新の葛藤」と名付けた、生命の本質にその源を求めることができます。

〝保守と革新〟は、〝元本保証と多様性〟とほとんど同義語です。不均衡進化論の基本コンセプト「元本保証された多様性の創出」には、元の種（保守）と分岐しようとする新種（革新）の間の闘争を内包しています。あいにく新しい種が生じる現場に居合わせたことはありませんが、種が分岐する前後で、ニッチを奪い合うすさまじい争いが起こるのではないでしょうか。なぜなら、もともとニッチを共有していたのですから、まったくの別種間の争いとは質を異にした、種の存亡を賭けた争いになる可能性が高いと思います。これが原因で一方の種が消滅することもありうるでしょう。

ここからは、これまで議論してきたことの復習です。

雌雄の関係も、保守と革新の争いの一つの現れと捉えることができます。雌は卵子に入る変異の数を少なくして種を守る立場にあり、本来保守的な存在です。一方、雄は精子に多くの変異を入れて、なんとか異質な子供を雌に産ませようと革新的戦略を行使します。この雌雄間の争いなくしては高等生物の進化は望めません。もし雌が雄と同じ戦略をとれば変異過多で滅亡あるのみですし、雄が保守的になれば急速な進化を諦めなければなりません。雄がもたらす過剰な変異の悪影響を低減し、過剰変異を進化の方向にベクトルの変更をさせているのが不均衡変異の存在であると考えます。

核と細胞質の関係も同様です。ＤＮＡは構造が単純で、物理的に非常に安定な分子ですから、その意味ではきわめて保守的な存在です。しかし、ＤＮＡも変異を起こし、ときには革新的な面をのぞかせますが、一旦変異が固定されると、変異した情報と細胞質との間で争いが起こります。どちらが主導権をとるかはそのときの状況によって変わります。

細胞質は進化的に見ますと核と共生関係にあり、基本的には遺伝するものと考えられます。その理由を以下に説明します。遺伝を、親細胞から子細胞への物質の直接の移動、と定義します。親DNAはちょうど半分が子供にそのまま移動し、残りの半分は親DNAを鋳型にして合成しますから、間違いなく遺伝です。

では細胞質はどうでしょう？　細胞分裂の際、細胞質にあるあらゆるマシーナリー（機械装置）はほとんどそのまま二つの子細胞に分かれて移動し、量的に足りない分は、親からきたマシーナリーを手本に合成します。DNAとどこが違うのでしょう？　始めの定義が正しいとすれば、細胞質も立派に遺伝するのです。

細胞質には自己組織化する能力がありますから、DNAにくらべるとダイナミックで自由度がはるかに高く、革新的存在です。両者の絶え間ないせめぎ合いと、妥協の産物として細胞は存在し、進化していくと考えられます。

遺伝子レベルでも保守と革新の争いは休みなく続いています。対立遺伝子のうち、優性遺伝子は劣性遺伝子に対して抑制的に働き、劣性の遺伝子の形質発現への関与を許しません。劣性遺伝子はいわば日陰の身ですから、逆にその立場を利用して、自由に変異を受け入れて新しい遺伝子に自己変革するチャンスがあります。一旦、変革に成功すれば、元の優性遺伝にうちかって、集団から駆逐することも可能です。同じような主導権の争いが、重複した遺伝子の間でも起こり、進化の「遺伝子重複説」が主張するように、進化の駆動力を生み出します。

DNAレベルの「保守と革新の葛藤」に関しては、連続鎖・不連続鎖の非対称構造をした複製装置から生み出される不均衡変異が、遺伝（保守）と進化（革新）という二律背反の事象の同時実現を可能にしています。この事情はこれまでに本書で縷々述べてきましたので、これ以上ここでくり返しはしません。

以上、この節で述べてきました文脈を、下から逆にたどっていきますと、自然と結論に到達します。

「保守と革新の葛藤」と名付けた生命の本質は、元を正せば、DNAの二重らせん構造に由来する非対称な構造をもった複製様式に、その源を求めることができます。DNAに内在する「保守と革新のポテンシャリティの共存」と表現すべき本質（Nature）が、生命体を構成する各階層のシステムにも受け継がれ、保守と革新の争いが具現化されています。そして、動物や人間社会の精神活動にまで、その影響が及んでいると考えています。つまり、「保守と革新の葛藤」があるからこそ、生命は存続し、進化できるのです。

5　対称性の破れと創造

不均衡進化論のアイデアが浮かんでから最初の論文の受理までには実は三年もかかりました。その理由は、もちろんレフェリーが反対したからです。その反対理由はただ一点、「不均衡進化論は進化遺伝学的熱力学の基本法則にもとる」ということでした。

はじめはさっぱり意味がわかりませんでしたが、やがて熱力学の第二法則（エントロピー増大の法則）に反するという意味であることがファックスのやり取りで判明しました。つまり、「熱を加えている水に氷の塊を入れるとやがて溶けるが、そのままでは決して氷には戻らない。著者の主張する不均衡進化理論によると、変異の閾値を越えても生物は死なないどころか、変異率を下げてまた戻ってくる。氷が過熱状態で自発的に現れることはありえない。著者のコンセプトは根本的に間違っている」という意味だったのです。このように、氷を生物に、加熱を変異率の上昇にたとえて考えていたのです。

それで、なるほどと納得したことがありました。前述のラングトンは、変異率が低くて分裂はするけれども進化しない状況のことを〝凍結〟、変異率が高過ぎて生きていけない状況を遺伝情報の〝融解〟と表現しています。少なくとも物理系の進化研究者のいくらかは、生物進化を熱力学的に理解しようとしていることがようやくわかりました。

問題はこの思わぬ反撃にどう対処するかです。悩んだ末、私が最後に使った台詞は「生物進化に熱力学が出てくる理由がわからない」でした。これで騒ぎは一応痛み分けのかたちで終わりましたが、最初の論文が公表されたのは、不均衡進化論の発想からすでに四年が経過した一九九二年の暮れのことでした。

このことがあってから、敵は手ごわいぞと思うようになりました。私が尊敬する物理学者を敵に回してはとても勝ち目はありません。いろいろ悩んでいるうちに、最近になって、昔どこかで読んだ素粒子物理学の解説書を思い出しました。それには、「対称性の自発的破れが多様性に富む物質を生み出す」といった意味のことが書かれていました。まったく門外漢の私には、内容を正確に理解することはできませんでしたが、面白い発想だなと思っていました。感覚的にはわかるような気がしましたので、頭の片隅に残っていたのでしょう。

すべてのものがバランスがとれて、平衡状態になってしまったら、何事も起こらない、素粒子から物質が創生されるためには、平衡を壊す〝揺らぎ〟のようなものが必要である、と勝手に解釈していました。さらにその本には、宇宙の初めに、もし、e^-（電子）とe^+（陽電子）が同数存在していたとしたら、両者が結合して光となり、すべては消滅して宇宙には何もなくなる。しかし、幸いバランスが崩れていて、e^-がわずかに多かったので消滅を免れることができた。結果として、現在の宇宙を創っている原子にはe^-が使われている、といった説明がありました。

そこで、得意の空想を働かせました。もしかすると、均衡に起こるランダムな変異からはなにも創造することはできず、アンバランスな変異（変異の対称性の破れ）があるからこそ、生物は新しい種を創造する（進化する）ことができるのではないか。だからこそ、変異が均等に入るとするネオダーウィニズム的思考では、「変異の閾値」という〝くびき〟が現れて、進化という名の創造の邪魔をするのではないか。

つまり、物質の創生に関する素粒子物理学の考えと、進化に関する不均衡進化理論とが、「対称性の破れ」というキーワードで結びついたのです。不均衡進化理論を発想した当時には、素粒子物理学の「対称性の破れ」の考えはまったく頭のなかにありませんでした。この結びつきは単なる偶然の一致なのでしょうか。それとも単なる妄想でしょうか。あるいは、人間の脳が考えるおきまりのパターンの問題なのでしょうか。

少し気になりましたので、最近、友人の物理学者に話しましたところ、物質創造と進化とはまったく別の次元の事象であり無関係だが、「対称性の破れ」という考え方には通底するものがある、という結論に落ち着きました。でも、これほどかけ離れた事象に、なぜ通底するコンセプトが存在するのでしょう。この問題は私の宿題にとっておきたいと思います。

最後に、アインシュタインの言葉を引用した、生命科学に対する量子物理学者の忠告を紹介して終わりにしたいと思います。

「いろいろな事実を挙げ連ね、それらを場合場合に応じて説明していたのでは、アインシュタインも言っているように何も理解したことにはならないのである。大切なのはさまざまな事象を統一的に扱う生命特有の原理（数理）を見出すことである」（大矢雅則『情報進化論』）。

あとがき

不均衡進化論の元になったアイデアを思いついてから、瞬く間に二二年が過ぎ去りました。

一九九二年に最初の論文が出た当時は、予想外なことに、真っ先に日本の新聞をはじめマスコミにとりあげられましたが、学界からの反応はわずかなものでした。一九九一年に、最初の公の場での発表を野村総合研究所の総会でおこなっとき、思いがけないポジティブな反応をいただいたことはありますが、むしろ文化系の方々に興味を持たれたようです。私があまり学会に行かないこともありますが、最初の頃の論文は生物学者が読むことの少ない理論関係の雑誌に投稿したのも学界からのレスポンスが少なかった理由の一つであったかも知れません。しかしこの間、大学の講義を含めて、国内外の大小様々のミーティングやセミナーに合わせて一五〇回も発表の機会を作っていただきました。そのつど理論の骨子はおおむね理解していただいたと思っています。現在では理解者は徐々にではありますが増えつつある感触を得ています。

幸い欧米にはこの進化論を理解しエールを送ってくれる研究者のファンがいます。例えば、本書にも登場しました、S・コンウェイ・モリス、M・アイゲン、J・ガードン、ボルチモアNIHの洪実、A・クラー、大野乾（故人）、ハンブルグのW・オステルターグ、イリノイ大学（イーストランシング）のR・レンスキー氏、それにマックス・プランク研究所のT・ジョビン夫妻、トロント大学の増井禎夫、ウィーン農科大学のF・リューカーとG・ヒムラー、カリフォルニア州立大学デービス校の島崎俊一、バルセロナIMPPCのM・ペルーチョと山本文一郎の諸氏です。東京大学の渡邊嘉典氏を含めて、ここに挙げた方々は私をセミナーや講義に招待してくれたことのある人々です。つまり、論文を読んだだけではなかなか真意が伝わらないところがあるのだと思います。

一九九七年頃だったと記憶しています。講談社の編集者吉田氏から英語で本を書いてみないかとすすめられ、時期尚早と思いながらも結局は執筆することになり、一九九九年に『DNA's Exquisite Evolutionary Strategy』（DNAのすばらしい進化戦略）の出版の運びとなりました。この本の内容は、連続鎖／不連続鎖にもとづく変異の不均衡が進化促進の原因であるという不均衡進化論のコンセプトと、数学を使ったシミュレーションが紹介されています。大腸菌を使って、不連続鎖の方に偏って変異が入ることを示した実験はやや詳しく説明されていますが、生物を材料にした進化の加速実験はまだ結果が出ていませんでしたので全く触れていません。ただ、この理論に従って進化を促進するには不連続鎖の合成酵素の校正活性を壊すことによって達成されるだろうという予測について言及しています。さらに、将来の展望について述べていますが、十年経過した現状から見ますと当たらずとも遠からずといったところです。

前述したように、この本にはS・コンウェイ・モリス氏が簡潔な書評を書いてくれていますが、その邦訳文を末尾に掲載しましたのでご参照ください。

このような経緯で、日本語版より英語の本が先に出るという少し変則的なかっこうになってしまいました。わが国においても、不均衡進化理論はごく一部の方にしか認知していただけていない状況ですので、この機会に本書を読んでいただければ著者として大変幸せです。

今、本を書き終わってふり返ってみますと、不均衡進化理論の現在の状況は、生命科学というよりも、どちらかと言いますと、思想・哲学の範疇に入るものと認識しています。したがって、最初に興味を示されたのが雑誌「現代思想」であったのものうなずけます。その雑誌に掲載された総説「不均衡(ディスパリティ)進化論――「振動する遺伝子システム」と「進化のポテンシャリティ」」(二〇〇一)では、本書で述べました大腸菌dnaQ49の抗菌耐性獲得実験にも触れていますので、研究者や学生の方々にも興味をもっていただけたようです。

一般的に言って、進化理論を実験的に検証していくことは難しいのですが、不均衡進化理論の特徴は、実験的検証がある程度可能なところにあると自負しています。現在は、机上で理論を進めるよりもミューテーターを使った進化の加速実験をできるだけたくさんおこなって、形質の変化とゲノムの変化の関係を詳しく調べることが大切だと考えています。さいわい、第三世代の大量・高速DNAシーケンサーの登場で、今日では、ゲノムシーケンスのコストと時間の問題は重要な研究阻害要因ではなくなりました。進化加速実験でいちばん大事な点は、それぞれの実験系に適したうまい選択圧を設定することでしょう。進化は複雑系の問題で非線形現象だと考えられますから、数学的取り扱いには限界があると思います。不均衡進化論に関して言えば、生物実験によるデータの蓄積とその解析が求められるステージにきていると思います。ネオ・モルガン研究所を始めとして、どこか外の研究室ですばらしい結果が現れるのを心待ちにしています。

ラマルク、ダーウィン以来、進化理論は数多く提唱されています。どの理論もそれなりに正しいところがあり、進化の一部を説明していると思います。もちろん、不均衡進化理論もその例外ではありません。もし完璧な進化理論があるとすれば、その出現はもっともっと先のことになるでしょう。今後は自説にとらわれることなく、時間がゆるすかぎり進化研究のあたらしい切り口を探しもとめていくつもりです。


理論的・実験的研究の現場では多くの共同研究者にご協力をいただきました。個々の研究者のお名前は引用しました文献をご参照いただければ幸いです。この場をお借りして深く感謝の意を表したいと思います。

不均衡変異モデル発見の当初から、いく度となく議論をふっかけ、二〇年余も飽きずにお付き合いいただいている諸氏に、ここであらためて御礼申し上げます。洪実氏と新技術事業団・創造科学「古澤発生遺伝子プロジェクト」の野田正彦氏の的確なご指摘と建設的な議論は理論の発展になくてはならないものでした。友人の諏訪信行氏の忌憚ないご意見にはいつも勇気づけられます。空手の友人で物理化学者の藤原一朗氏、高校時代からの友人で冶金工学専攻の中谷元彦氏。発生生物学者でありスポーツ仲間でもある小宮透氏。氏にはいつもあたらしい情報を知らせていただき、大学で特別講義の機会を作っていただいています。また、物理学の考え方の説明のために貴重な時間を割いていただいた友人の物理学者児玉隆夫・小松晃雄両氏に深く御礼申し上げます。そして、S・コンウェイ・モリス氏の格調高い英文の訳に力を貸してくださったネオ・モルガン研究所の美根香織氏。一般的な文系読者の一人として議論の場に引きずり込んだ娘京の忍耐に感謝します。

おわりに、不均衡進化論のよき理解者であり、執筆の機会を作っていただいた最相葉月氏。素晴らしい理解力とマネージメント能力を兼ね備えた筑摩書房の編集者、田中尚史氏。私を含めた三名の偶然とも言える出会いがなければ本書の出版はありえませんでした。心から御礼を申し上げます。

著者

二〇一〇年九月

書評　古澤滿『DNA's Exquisite Evolutionary Strategy』に寄せて

DNAの二重らせんは今日の生物学のアイコン（聖像）と言えるが、その秘密のすべてが明らかになったであろうか？　本書に示されたアイデアは驚くほどシンプルだが、おそらく核心をついている。

DNAは、複製のためにらせんが解かれ、それぞれの鎖が新たに複製される必要がある。しかし二本の鎖の合成メカニズムは異なる。連続鎖は、ロールスロイスに似ているが、不連続鎖はがたがたと進むトラクターのようである。この違いにはいったいどんな意味があるのだろうか？

もし、不連続鎖のエラー頻度が非常に上がり、変異が蓄積されていくと、複製におけるこの不均衡は、思いもよらない進化の新奇性の宝庫を誕生させることになる。この基本図式が正しければ、生物進化のしくみを理解する一助になるばかりか、この知見によって進化のプロセスの方向・配置転換さえ可能になるかもしれない。

この挑発的な書物において古澤氏は、遺伝メカニズムに、これまで見過ごされてきた分子機構を加えて考えるべきと説いているが、さらに重要なのは、不均衡モデルが環境変化にも柔軟に応えうる内的な駆動力の存在を主張している点だ。おそらくこれこそ、これまで実に長いあいだ探し求められてきた遺伝子と生命体の間をつなぐものだ。内的な進化の駆動力と生命体の最適化の実態についてあらためて議論を引き起こすことになるだろう。そしてさらに、この理論は分子生物学にとどまらない深い意味をもつだろう。

サイモン・コンウエイ・モリス
ケンブリッジ大学教授（古生物学）

図版クレジット

図4-1　Furusawa & Doi, *Genetica*, 1998 より
図4-4　Furusawa, *DNA's Exquisite Evolutionary Strategy*, 1999 より
図5-1　Furusawa & Doi, *J. Theor. Biol.*, 1992 より
図5-2　Furusawa, *DNA's Exquisite Evolutionary Strategy*, 1999 より
図5-3　Furusawa, *DNA's Exquisite Evolutionary Strategy*, 1999 より
図5-4～5-7　Wada & Doi *et al.*, *Proc. Natl. Acad. Sci.*, 1993 および Furusawa, *DNA's Exquisite Evolutionary Strategy*, 1999 をもとに作成
図6-2　Furusawa, *DNA's Exquisite Evolutionary Strategy*, 1999 より
図8-2　Furusawa, *DNA's Exquisite Evolutionary Strategy*, 1999 より
図1-1，図3-1，図4-3，図4-6，図5-8，図7-1，図8-1　新井トレス研究所作成

Okazaki, R., Okazaki, T., Sakabe, K., Sugino, A. and Iwatsuki, N. "In vitro mechanism of DNA chain growth." *Cold Spring Harbor Symp. Quant. Biol.* 33, 129–143 (1968).

Ko, M. S. H. "Induction mechanism of a single gene molecule: stochastic or deterministic ?" *Bio Essays* 14, 341–346 (1992).

Normile, D. "Impact of DNA replication errors put to the test." *Science* 272, 816–817 (1996).

Sniegowski, P., Gerrish, P. and Lenski, R. "Evolution of high mutation rates in experimental population of *E. coli*." *Nature* 387, 703–705 (1997).

Yamada, A., Matsuyama, S., Todoriki, M., Kashiwagi, A., Urabe, I. and Yomo, T. "Phenotypic plasticity of *Escherichia coli* at initial stage of symbiosis with *Dictyostelium discoideum*." *BioSystems* 92, 1–9 (2008).

Maher, B. "The case of the missing heritability." *Nature* 456, 18–20 (2008).

「哺乳類の系統におけるDNA polymerase δの複製忠実度低下の可能性について」加藤和貴，隈啓一，岩部直之，宮田隆，第28回日本分子生物学会，2P–0257（2005）.

『生命とは何か』E. シュレーディンガー著，岡小天・鎮目恭夫訳，岩波書店（1951）.

『偶然と必然』J. モノー著，渡辺格・村上光彦訳，みすず書房（1972）.

『分子進化の中立説』木村資生著，紀伊國屋書店（1986）.

『生命の誕生と進化』大野乾著，東京大学出版会（1988）.

『ジュラシック・パーク』（上・下）M. クライトン著，酒井昭伸訳，早川書房（1991）

『分子進化学への招待』宮田隆著，講談社ブルーバックス（2004）.

『情報進化論――生命進化の解明に向けて』大矢雅則著，岩波書店（2005）.

『いのち――生命科学に言葉はあるか』最相葉月著，文春新書（2005）.

『進化――分子・個体・生態系』N. バートン，D. ブリッグス，J. アイゼン，D. ゴールドシュタイン，N. パテル著，宮田隆・星山大介訳，メディカル・サイエンス・インターナショナル（2009）.

increased N_2O reductase activity by selection after introduction of mutated *dnaQ* gene." *Appl. Environ. Microbiol.* 74, 7258–7264 (2008).
Abe, H., Fujita, Y., Takaoka, Y., Kurita, E., Yano, S., Tanaka, N. and Nakayama, K. "Ethanol-tolerant *Saccharomyces cerevisiae* strains isolated under selective conditions by over-expression of a proofreading-deficient DNA polymerase δ." *J. Biosci. Bioeng.* 108, 199–204 (2009).

日本語の総説

「進化の不均衡説――進化の時間は短縮できるか？」古澤満，土居洋文，*Biomedica* 8（13），1070–1074（1993）.
「DNA突然変異の非対称性の研究と応用」*BIO INDUSTRY* 11（9），533–541（1994）.
「進化を促したDNA分裂の不均衡」古澤満，『進化にワクワクする本』朝日ワンテーママガジン，186–193（1995）.
「DNA複製における進化の確率増加」古澤満，土居洋文，「病態生理」14（9），675–681（1995）.
「思考するDNA　進化と発生のブラックボックス」古澤満，山村研一，土居洋文による鼎談，「現代思想」28–44（1955）.
「進化を加速する　DNAのlagging鎖のエラー頻度を上げた突然変異体を作製」古澤満，土居洋文，「科学と生物」34（2），78–79（1996）.
「遺伝子科学――DNAの複製エラーの不均衡説」古澤満，「遺伝」別冊8号，148–158（1996）.
「DNAの「不均衡進化説」」古澤満，「科学10大理論［進化論争］特集」128–137，学研（1997）.
「不均衡進化論――「振動する遺伝子システム」と「進化のポテンシャリティ」」，古澤満，「現代思想」（2月臨時増刊）29–3，36–54（2001）.
「ミューテーターを利用した新奇品種改良法の提言」田辺清司，近藤隆，小野寺宜郷，古澤満，「放射生物研究」36（2），161–171（2001）.
「実験進化の立場から――進化の加速」古澤満，「遺伝」55（2），92–96（2001）.
「ポストゲノム時代の生物学の方向を探る」金子邦彦，古澤満，西川伸一，井川洋二による座談会，「現代科学」6月号，32–39（2002）.
「不均衡進化論とカオスの縁」古澤満，青木和博，「物性研究」82（5），773–776（2004）.

その他の参考文献

Ohno, S. *Evolution by Gene Duplication*. Springrer-Verlag, Heidelberg, New York (1970).
Cairns, J. "Mutation selection and the natural history of cancer." *Nature* 255, 197–200 (1975).

参考文献

不均衡進化理論に関する文献

Furusawa, M. and Doi, H. "Promotion of evolution: disparity in the frequency of strand-specific misreading between the lagging and leading DNA strands enhances disproportionate accumulation of mutations." *J. Theor. Biol.* 157, 127–133 (1992).

Wada, K., Doi, H., Tanaka, S., Wada, Y., and Furusawa, M. "A neo-Darwinian algorithm: Asymmetrical mutations due to semiconservative DNA-type replication promote evolution." *Proc. Natl. Acad. Sci. USA*. 90, 11934–11938 (1993).

Iwaki, T., Kawamura, A., Ishino, Y., Kohno, K., Kano, Y., Goshima, N., Yara, M., Furusawa, M., Doi, H., and Imamoto, F. "Preferential replication-dependent mutagenesis in the lagging DNA strand in *Escherichia coli*." *Mol. Gen. Genet.* 251, 657–664 (1996).

Doi, H., and Furusawa, M. "Evolution is promoted by asymmetrical mutations in DNA replication: genetic algorithm with double strand DNA." *FUJITSU Sci. Tech. J.* 32, 248–255 (1996).

Furusawa, M. and Doi, H. "Asymmetrical DNA replication promotes evolution: disparity theory of evolution." *Genetica*. 102–103, 333–347 (1998).

Tanabe, K., Kondo, T., Onodera, Y. and Furusawa, M. "A Conspicuous adaptability to antibiotics in the *Escherichia coli* mutator strain, *dnaQ49*." *FEMS Microbiol. Lett.* 176, 191–196 (1999).

Furusawa, M. *DNA's Exquisite Evolutionary Strategy*, Kodansha, Tokyo (1999).

Aoki, K. and Furusawa, M. "Promotion of evolution by intracellular coexistence of mutator and normal DNA polymerases." *J. Theor. Biol.* 209, 213–222 (2001).

Aoki, K. and Furusawa, M. "Increase in error threshold for quasispecies by heterogeneous replication accuracy." *Physical Review E*. 68, 031904-1〜6 (2003).

Shimoda, C., Itadani, A., Sugino, A. and Furusawa, M. "Isolation of thermotolerant mutants by suing proofreading-deficient DNA polymerase δ as an effective mutator in *Saccharomyces cerevisiae*." *Genes & Genetic Systems* 81, 391–397 (2006).

不均衡進化理論に沿って行われた実験に関する文献

Itakura, M., Tabata, K., Eda, S., Mitsui, H., Murakami, K., Yasuda, J. and Minamisawa, K. "Generation of *Bradyrhizobium japonicum* mutants with

索引

古澤滿 ふるさわ・みつる

一九三二年生まれ。大阪市立大学理学部助教授、第一製薬分子生物研究室長、新技術事業団「古澤発生遺伝子プロジェクト」総括責任者などを経て、ネオ・モルガン研究所設立。発生生物学者。著書に『DNA's Exquisite Evolutionary Strategy』がある。

筑摩選書 0005

不均衡進化論

二〇一〇年一〇月一五日　初版第一刷発行

著　者　古澤滿

発行者　菊池明郎

発行所　株式会社筑摩書房
東京都台東区蔵前二-五-三　郵便番号　一一一-八七五五
振替　〇〇一六〇-八-四一二三

装幀者　神田昇和

印刷 製本　中央精版印刷株式会社

乱丁・落丁本の場合は左記宛にご送付ください。
送料小社負担でお取り替えいたします。
ご注文、お問い合わせも左記へお願いいたします。
筑摩書房サービスセンター
さいたま市北区櫛引町二-六〇四　〒三三一-八五〇七
電話　〇四八-六五一-〇〇五三

ISBN978-4-480-01505-1 C0345

筑摩選書
0001

武道的思考

内田 樹

武道は学ぶ人を深い困惑のうちに叩きこむ。あらゆる術は「謎」をはらむがゆえに生産的なのである。今こそわれわれが武道に参照すべき「よく生きる」ためのヒント。

筑摩選書
0002

江戸絵画の不都合な真実

狩野博幸

近世絵画にはまだまだ謎が潜んでいる。若冲、芦雪、写楽など、作品を虚心に見つめ、文献資料を丹念に読み解くことで、これまで見逃されてきた〝真実〟を掘り起こす。

筑摩選書
0003

荘子と遊ぶ

禅的思考の源流へ

玄侑宗久

『荘子』はすこぶる面白い。読んでいると「常識」という桎梏から解放される。それは「心の自由」のための哲学だ。魅力的な言語世界を味わいながら、現代的な解釈を試みる。

筑摩選書
0004

現代文学論争

小谷野 敦

かつて「論争」がジャーナリズムの華だった時代があった。本書は、臼井吉見『近代文学論争』の後を受け、主として七〇年以降の論争を取り上げ、どう戦われたか詳説する。

筑摩選書
0005

不均衡進化論

古澤 滿

DNAが自己複製する際に見せる奇妙な不均衡。そこから生物進化の驚くべきしくみが見えてきた！ カンブリア爆発の謎から進化加速の可能性にまで迫る新理論。

筑摩選書
0006

我的日本語

The World in Japanese

リービ英雄

日本語を一行でも書けば、誰もがその歴史を体現する。異言語との往還からみえる日本語の本質とは。日本語を母語とせずに日本語で創作を続ける著者の自伝的日本語論。